JN411923

건설 현장에서 수행되는

건축재료시험

김봉주 · 정의인 저

머리말

건축재료의 품질 관련 문제가 현장의 인적, 물적 피해로 연결되고 있다. 이는 건축재료의 품질을 평가하는 건축재료시험이 제대로 수행되고 있지 않은 원인도 존재한다. 특히 대학에서 건축재료시험 과목은 건설 현장에서 사용되는 건축재료와 연계되어 품질 확보 방안으로부터 소요의 품질 여부를 평가하는 수업으로 다른 과목과는 달리 강의실에서 보고 듣는 형태가 아니라 다양한 실험기기를 이용하여 동적 공간인 실험실에서 이루어진다.

이러한 건축재료 시험은 단순히 규정에 따른 시험 진행을 통해 수치화된 자료 산출을 목적으로 하는 것이 아니라 건축이라는 틀 속에서 상호 간의 신뢰를 바탕으로 적절한 품질 확보와 이를 확인하기 위한 수단이 되는 것이다. 따라서 시험의 전반적인 목적과 내용을 파악하고 그에 대한 단위 시험을 할 때, 제대로 된 결과가 도출될 수 있다.

이를 위하여 현장 시험 담당자는 물론 건축에 입문한 학생들을 위한 체계적이고 쉬운 교재를 출판하였고, 이후 KS와 ISO의 개정이 이루어졌다. 이에 따라 본서는 개정된 KS와 ISO에 맞춰 시험 방법, 단위, 용어 등을 수정 구성하였다. 또한 본서에는 현장에서 이루어지는 콘크리트 비파괴 시험에 대한 내용도 추가하여 현장에서 수행되는 거의 모든 시험에 대해 수록하였다. 아울러 건축재료시험에 관련된 법과 규정 등을 설명하고, 시험의 목적과 시험 방법에 대한 규정과 이유, 시험을 이해하기 위한 최소한의 건축재료학 이론과 지식을, 시험을 설명하기 전 관련 장에 기술하여 이해를 돕도록 하였다.

최초 제작된 후 매년 수정과 편집 및 추가하는 길고도 어려운 과정을 수행하여 준 정의인 교수, 김해나, 신종현, 조수연, 김건우 등 연구원의 노고에 감사한다. 끝으로 본서의 출판을 허락하여 주신 기문당 강해작 사장님과 수고하신 직원여러분께 감사드린다.

2022. 8.

저자

차 례

머리말 3

|| PART Ⅰ || 건축재료

CHAPTER 1 건축재료 총론 14

1. 재료실험의 의의 15
2. 실험 수행 시 주의사항 16
3. 실험보고서 작성법 17

CHAPTER 2 건축재료의 분류 19

1. 건축재료에 요구되는 성능 20
2. 건축재료의 기본적 성질 21

CHAPTER 3 품질시험 28

1. 재료의 품질변동 29
2. 관리도 29
3. 품질검사 30
4. 품질시험 및 검사 법적 기준 30

|| PART Ⅱ || 건축재료시험

CHAPTER 1 **시멘트(cement)** 34

1. 시멘트의 정의 34
   - 1.1 시멘트 제조 34
   - 1.2 시멘트의 종류 35
   - 1.3 품질 35
2. 시멘트의 밀도 시험방법(KS L 5110 : 2021) 37
   - 2.1 시멘트의 밀도 시험에서 알아야 할 사항 37
   - 2.2 시멘트의 밀도 시험목적 37
   - 2.3 시험기구 38
   - 2.4 시험방법 39
   - 2.5 시험결과 계산 40
   - 2.6 참고사항 41
3. 공기투과 장치에 의한 포틀랜드시멘트의 분말도 시험방법 (KS L 5106 : 2019) 43
   - 3.1 시멘트의 비표면적 시험에서 알아야 할 사항 43
   - 3.2 시멘트의 비표면적 시험목적 및 원리 43
   - 3.3 시험기구 43
   - 3.4 시험방법 45
   - 3.5 시험결과 계산 49
4. 90㎛ 표준체에 의한 시멘트의 분말도 시험방법(KS L 5117 : 2021) 51
   - 4.1 분말도 시험목적 51
   - 4.2 시험기구 51
   - 4.3 시험방법 52
   - 4.4 결과 계산방법 52

5. 수경성 시멘트 모르타르의 압축강도 시험방법(KS L 5105 : 2017) 53
5.1 수경성 시멘트 모르타르의 압축강도 시험에서 알아야 할 사항 53
5.2 수경성 시멘트 모르타르의 압축강도 시험목적 53
5.3 시험기구 54
5.4 소모성 자재 55
5.5 시험체 제작 55
5.6 압축 시험방법 61
5.7 결과 계산 62
6. 수경성 시멘트의 표준질기 시험방법(KS L 5102 : 2021) 63
6.1 응결시간 시험에서 알아야 할 사항 63
6.2 응결시간 시험목적 64
6.3 시험기구 64
6.4 시험방법 66
6.5 결과 계산 69
7. 시멘트의 응결 및 안정성 시험방법(KS L ISO 9597 : 2019) 71
7.1 시험기구 71
7.2 시험조건 71
7.3 시험방법 71
8. 길모어침에 의한 시멘트의 응결시간 시험방법(KS L 5103 : 2021) 77
8.1 시험기구 77
8.2 시험조건 78
8.3 시험방법 78

CHAPTER 2 골재(aggregate) 80
1. 콘크리트용 골재(KS F 2527 : 2020) 관련 시방서 80
1.1 일반사항 80
1.2 재료 82
1.3 시료 채취 및 시험방법 90

2. 골재의 체가름 시험방법(KS F 2502 : 2019) 93
2.1 골재의 체가름 시험에서 알아야 할 사항 93
2.2 골재의 체가름 시험목적 95
2.3 시험기구 95
2.4 시험방법 96
2.5 계산방법 98
3. 골재의 단위용적질량 및 실적률 시험방법(KS F 2505 : 2017) 100
3.1 골재의 단위용적질량 및 실적률 시험에서 알아야 할 사항 100
3.2 골재의 단위용적질량 및 실적률 시험목적 101
3.3 시험기구 101
3.4 시험방법 102
3.5 계산방법 106
3.6 시험결과 107
4. 굵은 골재의 밀도 및 흡수율 시험(KS F 2503 : 2019) 108
4.1 굵은 골재의 밀도 및 흡수율 시험에서 알아야 할 사항 108
4.2 굵은 골재의 밀도 및 흡수율 시험목적 109
4.3 시험기구 109
4.4 시료 준비 110
4.5 시험방법 111
4.6 계산방법 112
5. 잔골재의 밀도 및 흡수율 시험방법(KS F 2504 : 2020) 115
5.1 잔골재의 밀도 및 흡수율 시험목적 115
5.2 시험기구 115
5.3 시료 준비 116
5.4 시험방법 118
5.5 계산방법 120

CHAPTER 3 콘크리트(concrete) 122

1. 콘크리트 관련 시험 및 실험 122

2. 시험실에서 콘크리트 시료를 만드는 방법(KS F 2425 : 2017) 125

2.1 콘크리트의 제조방법에 대한 규정 목적 125
2.2 시험기구 125
2.3 재료 준비 126
2.4 혼합 시 주의사항 126
2.5 혼합의 예 127
2.6 콘크리트 혼합 시 기재 및 보고사항 130

3. 굳지 않은 콘크리트의 시료 채취방법(KS F 2401 : 2017) 131

3.1 주의사항 131
3.2 장소별 시료 채취방법 132

4. 콘크리트의 슬럼프 시험방법(KS F 2402 : 2017) 134

4.1 콘크리트의 슬럼프 시험에서 알아야 할 사항 134
4.2 콘크리트의 슬럼프 시험목적 135
4.3 시험기구 136
4.4 시험방법 136

5. 압력법에 의한 굳지 않은 콘크리트의 공기량 시험방법 (KS F 2421 : 2021) 139

5.1 콘크리트의 공기량 시험에서 알아야 할 사항 139
5.2 콘크리트의 공기량 시험목적 139
5.3 시험기구 140
5.4 측정기 검정방법 141
5.5 공기량 측정 146
5.6 골재수정계수 측정 149
5.7 공기량 계산 151

6. 콘크리트의 압축강도 시험방법(KS F 2405 : 2017) 152
6.1 콘크리트 압축강도 시험체 규정 목적 152
6.2 압축강도 공시체 152
6.3 시험기구 153
6.4 콘크리트 집어넣기 154
6.5 공시체의 압축강도 시험방법 157
7. 콘크리트의 휨강도 시험방법(KS F 2408 : 2021) 160
7.1 콘크리트 휨강도 시험에서 알아야 할 사항 160
7.2 콘크리트 휨강도 시험체 규정의 목적 160
7.3 휨강도 시험용 공시체 제작 161
7.4 시험기구 162
7.5 공시체의 휨강도 시험방법 163
8. 콘크리트의 쪼갬인장강도 시험방법(KS F 2423 : 2021) 166
8.1 콘크리트 쪼갬인장강도 시험에서 알아야 할 사항 166
8.2 콘크리트 쪼갬인장강도 시험체 규정의 목적 166
8.3 콘크리트 쪼갬인장강도 시험용 공시체 제작 167
8.4 시험기구 168
8.5 공시체의 쪼갬인장강도 시험방법 169
8.6 공시체의 쪼갬인장강도 시험 시 주의사항 171
9. 골재 중의 염화물 함유량 시험방법(KS F 2515 : 2019) 172
9.1 염화물 함유량 시험목적 172
9.2 시험기구 172
9.3 시험방법 172
9.4 계산방법 174
9.5 시험결과 174

|| PART III || 현장 비파괴 시험

CHAPTER 1 **비파괴 시험 개요** 176

1\. 비파괴 시험의 목적 176

2\. 비파괴 시험의 종류 177

2.1 비파괴 시험의 적용 177

2.2 비파괴 시험 구분 : 조사대상에 따른 구분 178

2.3 비파괴 시험 구분 : 조사목적에 따른 구분 179

2.4 비파괴 시험의 종류 179

3\. 비파괴 시험 관련 규격 182

3.1 콘크리트 비파괴 시험 규격 182

3.2 철근 비파괴 시험 규격 182

CHAPTER 2 **철근콘크리트 구조** 183

1\. 개요 183

1.1 콘크리트 비파괴 시험 184

1.2 철근 비파괴 시험 184

2\. 콘크리트 압축강도 추정을 위한 반발경도 시험방법(KS F 2730 : 2018) 185

2.1 일반사항 185

2.2 적용범위 185

2.3 시험기구 185

2.4 측정원리 186

2.5 측정방법 187

2.6 반발경도의 계산 189

2.7 반발경도에 영향을 미치는 요인 189

2.8 반발경도와 압축강도와의 상관식 산정 190

2.9 압축강도의 추정 191

CHAPTER 3 철골(강) 구조 193
1. 개요 193
2. 용접부 결함 및 균열조사 194
2.1 조사방법 194
2.2 조사원리 및 조사 가능 결함 195
3. 고장력 볼트 체결력 조사 195
4. 부식조사 및 도막 두께 측정 196
5. 육안검사 196
5.1 적용범위 196
5.2 측정기기 196
5.3 검사방법 197
5.4 검사항목 197
5.5 결함의 등급분류 198
5.6 육안검사의 합격기준 199

|| PART Ⅳ || 부록 : 시험 보고서 양식

시험 보고서 양식 202

참고문헌 218

건축재료

CHAPTER 1 건축재료 총론

CHAPTER 2 건축재료의 분류

CHAPTER 3 품질시험

1 건축재료 총론

재료(materials)란 어떠한 물체를 만드는 데 사용되는 것을 뜻한다. 따라서 건축재료란 건축구조물을 만드는 데 사용되는 재료로서 건축물의 성능이나 품질을 결정하는 기본적인 구성품이다. 이러한 이유로 건축재료의 제반 성질 및 현상을 정확하게 분석 · 판단하고 이해하는 것이 무엇보다 중요하다.

건축물은 자연환경에서 비나 추위 등을 피하기 위해 지어지기 시작했다. 나뭇잎 및 가지 등을 사용한 비정착 원시시대부터 농경생활로 접어들면서 정착이 필요해짐에 따라 체계적인 건축물을 짓기 시작했고, 특히 구조체의 재료들은 이집트나 그리스, 로마시대의 석재 및 벽돌에서부터 영국의 산업혁명 이후 철강시대, 그리고 2차 세계대전 이후의 철근콘크리트, 프리스트레스콘크리트, 강재에 이르기까지 건축구조물 발전에 상당한 영향을 주었으며, 마감재인 유리의 대량생산기술 개발은 빛나는 도시를 구현할 수 있게 했다. 최근에는 비행기 동체, 선박, 테니스라켓 등과 같이 복합재료(composite materials)를 이용한 구조물을 만드는 데까지 재료이용 기술이 발전하였다. 한편, 복합재료를 이용한 교량 등과 같은 구조물을 만드는 데 실용화단계까지는 이르지 못하였으나 부분적으로 구조물을 유지보수 · 보강하는 데 사용하고 있다.

특히 구조체를 만드는 데 가장 많이 사용하는 재료로는 시멘트, 콘크리트 및 강재 등이 있으며, 최근에는 이러한 단일재료에 여러 가지 성질을 개선시킬 수 있도록 사용하는 복합재료가 많은 연구의 대상이 되고 있다.

1 재료실험의 의의

오늘날 건축재료는 매우 다양하고 발전함에 따라 재료의 물성, 재료의 상태, 재료의 치수 및 형상 등이 구조물의 설계 및 시공에서 요구되는 조건을 만족시키고 있는지의 여부를 확인하는 것은 어려운 일이지만 매우 중요한 문제이다.

건축물이 갖춰야 할 성능에는 여러 가지가 있으나, 크게 구조 · 기능 · 미 · 건강· 경제성 등을 들 수 있다. 이들 주요 사항을 만족시키기 위해서는 적재적소에 알맞은 건축재료의 사용 여부에 달려 있다고 볼 수 있다.

즉 '구조안전성'은 구조상의 내력을 주축으로 고정하중, 지진, 풍력 등을 비롯하여 모든 외력에 대한 안전성 전반을 말하는 것이고, '기능'은 열·광·음에 대한 성능, 물·습기 등 환경에 의한 여러 기능 또는 평면 및 입면계획 등의 편리한 사용상 효용성 등이 주가 된다. '미'는 구조물에서 미적 효과를 지칭하는 것이고, '건강'은 평면계획, 입면계획, 단면계획 내지 설비, 재료에 의한 인간의 건강상 효용을 대상으로 하고, '경제성'은 구조물의 완성 및 이후에 이용하면서 보수·유지 및 철거에까지 이르는 전체 건물생애주기를 포함한 경제상의 제반 조건을 의미한다. 따라서 각 관점에서 건축재료의 성능과 기능이 건축물의 모든 성능면에서 차지하는 의의가 크다는 것을 알 수 있다.

건축재료는 그 용도에 따라 구조재료와 마감재료로 크게 구별할 수 있으며, 환경조건에 의하여 강도·내구성·내화성·방수성·음향적 성질·열적 성질 및 미관 등의 성능이 요구되며, 더욱이 자연환경이나 이용조건에 따라 요구되는 성능 자체가 다르거나 그 기준의 적정량이 다르므로 재료의 적부 또는 양부를 판단할 경우 그 재료가 갖는 여러 성질 및 중요도를 종합적으로 고려하여 결정해야 한다.

재료실험에는 재료의 성상연구를 위한 실험과 시험을 위한 실험으로 나눌 수 있다. 성상연구 실험은 실험계획이 가장 중요하며 그 자체가 실험연구를 대상으로 하고 있기 때문에 전문적인 연구가들에 의하여 수행되는 것이 일반적이다.

재료실험목적은 ① 표준 시험방법에 의하여 규정 값의 품질 여부를 확인하기 위한 실험, ② 공사의 진행에 따라 부위별·상태별로 설계도, 시방서대로 품질관리 여부를 확인하는 실험, ③ 재료의 기본적 품질·성상에 관한 연구적 실험 수단을 동원하여 새로운 용도에 적용하기 위한 실험 등을 들 수 있다.

2 실험 수행 시 주의사항

전술한 바와 같이 재료실험은 재료의 성상연구를 위한 실험과 각종 시험을 위한 실험 모두를 포함하고 있다. 실험 또는 시험을 하면 반드시 결과가 나오는 것은 당연한 일이지만 실험결과의 정당성 여부는 중대한 문제이므로 특히 연구를 위한 실험인 경우에는 더욱 문제가 되고 있다. 따라서 대부분의 실험방법은 각 나라별 규격으로(한국은 KS) 정하고 있다. 그러나 연구를 위한 실험의 경우나 급하지만 규격에 맞는 실험기기 및 환경조성이 안 되었을 때 실시되는 실험방법에 대한 논리적 타당성 확립은 실험결과의 신뢰성에 매우 중요한 요소이다. 즉 규격에 맞는 실험을 하거나 논리적 합리성을 갖춘 실험을 통해 얻어지는 결과를 올바르게 판단해야 한다. 이를 올바르게 판단하지 않으면 그 결과는 도리어 진실을 오도하는 일이 발생하므로 그 의의가 매우 크다.

연구를 위한 실험은 ① 실험계획, ② 실험방법·상태, ③ 실험용 기기와 그 성능, ④ 결과산출, ⑤ 결과에 대한 판단과 해석으로 구성되어 그 전반에 걸쳐 주의 깊게 고찰할 필요가 있다.

또한 시험을 위한 실험에서는 ① 표준 시험방법이 있는 것은 그 방법에 관한 충실성 여부 및 결과의 신뢰도, ② 표준 시험방법이 없는 경우에는 채용한 시험방법과 결과에 대한 의미 고찰 및 검토가 중요하다.

어느 실험이나 각각의 주의사항이 있는데, 다음과 같다.

① **시료**: 대표 시료의 채취방법을 비롯하여 그 대표성 확인 정도

② **실험용 기기 점검**: 길이·중량·시간 등 각종 계측기기의 칭량·감량(感量)·읽기 등의 검사와 확인

③ **실험 상태**: 실험실의 온도·습도 등의 상태

④ **측정과 유효숫자**: 측정에는 직접 측정과 간접 측정이 있다. 예를 들면 직접 측정은 사물의 길이를 직접 측정하는 경우이고, 간접 측정은 재료의 열팽창계수를 구하는데 있어서 길이의 변화와 온도를 별도의 계측기로 직접 측정한 후, 양자의 배합에 의해 열팽창계수를 간접적으로 산출하여 구하는 경우 등이 있다. 이때 실험의 정도(精度)와 측량 값의 유효숫자를 확인해 두는 것이 중요하다.

3 실험보고서 작성법

보고서란 실험결과를 기록, 전달, 보관하기 위해 작성하는 것으로 실험에 대한 신뢰성 확보, 전달의 정확성, 실험 재현성에 대한 근거가 될 수 있도록 작성해야 한다. 또한 실험전문가뿐만 아니라 실험보고서는 관련 분야의 전문가, 기술자는 물론 일반적인 기술과 지식을 가진 사람도 이해 가능하도록 작성되어야 한다. 따라서 위의 기록, 전달을 객관적이고 신뢰성을 갖춘 보고서를 작성하기 위해 특별한 양식은 없지만 최소한 다음의 항목은 기록되어야 한다.

① **실험명**: 실험 내용을 한눈에 알 수 있는 요약 내용

② **실험인자**: 실험 시 변화가 있는 실험조건에 대한 설명

③ **실험 시 환경**: 실험 시 온도, 습도, 풍속 등 실험방법이나 결과에 영향을 줄 수 있는 모든 환경 조건

④ **사용재료에 대한 설명**: 생산시기, 장소, 보관방법, 실험 시 상태 등

⑤ **실험기구에 대한 설명**: 사용기구의 제조사, 모델명, 생산시기, 용량 등

⑥ **실험방법**: 국내·외 관련규격 또는 다른 연구에서 사용하거나 새롭게 고안한 실험방법 등, 후자는 그 논리를 같이 기술

⑦ **실험결과 정리**: 표, 그래프 등

⑧ **실험결과에 대한 고찰**: 결과를 분석하고, 과거의 연구결과와 비교하여 인자와 수준에 따른 성향, 특성치와 그 원인 등을 파악하여 기술

⑨ **참고사항**: 실험방법이나 실험, 결과의 내용을 보다 더 정확하게 또는 쉽게 이해할 수 있는 참고적 사항 기술

⑩ **실험자 및 보고서 작성자**

또한 보고서 작성은 대학교 및 연구소 등 주체에 따라 작성방법이 다를 수 있으나 일반적으로 보고서 자체의 문장구성 형식은 다음과 같은 사항을 갖춰야 한다.

① 보고서의 논지는 일관성 있어야 한다.

② 평이한 단문으로 구성해야 이해하기 쉽다.

③ 사용용어 중 한자 및 학술용어는 KS 규준에서 언급한 용어를 사용해야 하며, 각종 학회에서 발간되고 있는 용어집 등을 참고하는 것이 편리하다.

④ 실험목적, 실험결과 및 고찰은 시제를 현재형으로, 또한 사용재료 및 실험방법은 과거형 시제를 사용하는 것이 원칙이다.

⑤ 보고서 작성 시 반드시 1회 이상은 전문 기술자의 자문을 거쳐 객관성을 유지하도록 한다.

⑥ 보고서는 항상 제출 전에 사본을 보유하여 차후 실험과의 연관성 등에 대비한다.

CHAPTER

2 건축재료의 분류

건축재료의 분류는 용도에 의한 분류, 생산에 의한 분류, 화학조성에 의한 분류로 나눌 수 있다.

1) 용도에 의한 분류

① **구조재료** : 목구조용 재료(목재)·철근콘크리트구조용 재료(철근·콘크리트)·철골구조용 재료(철강)·조적구조용 재료(석재·벽돌·블록) 등

② **수장재료** : 내외장마감 재료(타일·유리·도료·보드류·금속판·섬유판·석고판 등)·차단재료(페어글라스·유리섬유·암면·아스팔트·루핑·실링재 등)·차광재료(유리·플라스틱·종이 등)·창호재료(목제 창호·금속제 창호·플라스틱제 창호·셔터 등)·방화 및 내화재료(방화문·방화셔터·PC부재·내화벽돌·내화점토 등)

③ **설비재료** : 급배수재료·냉난방재료·전기재료·가스재료 등

④ **기타 재료** : 장식재료·접착재료·가구재료·긴결재료 등

2) 생산에 의한 분류

① **천연재료** : 자연상태에서 형상 및 크기 정도만 변화시켜 사용하는 것으로 모래, 자갈, 석재, 목재 등이 있다.

② **인공재료** : 자연상태의 재료를 일정 이상 가공하여 목적에 맞춰 성질을 변화시켜서 사용하는 것으로 시멘트, 콘크리트, 금속재료, 아스팔트콘크리트 등이 있다.

3) 화학적 조성에 의한 분류

① 유기재료 : 탄소를 기반으로 하는 재료로 역청재료, 고분자재료(합성수지, 합성고무) 등이 있다.

② 무기재료 : 금속재료와 비금속재료로 구성되며, 금속재료의 대표적인 것이 강재이고, 비금속재료에는 시멘트, 콘크리트 등이 있다.

1 건축재료에 요구되는 성능

건축재료는 사용하고자 하는 목적, 부위의 요구성능, 환경, 사용 등에 부합하는 여러 성능을 필요로 한다.

이를 정리하면 다음과 같다.

① 사용목적에 적합한 공학적 성질을 가져야 한다.
② 사용환경에 대해 안정적이며 내구성을 가져야 한다.
③ 대량으로 생산 및 공급이 가능해야 한다.
④ 크기나 품질이 규격화되어 있어야 한다.
⑤ 운반, 취급 및 가공이 용이해야 한다.
⑥ 색상, 형태, 크기가 다양한 선택의 자유가 필요하다.
⑦ 경제성이 있어야 한다.

2 건축재료의 기본적 성질

건축재료의 기본적 성질은 기계적 성질, 물리적 성질 및 화학적 성질로 나눌 수 있으며, 다음과 같이 설명할 수 있다.

1) 기계적 성질

재료의 기계적 성질은 역학적 성질이라고도 하며, 이는 외력에 의해 생기는 거동 등을 나타내는 성질이다.

(1) 탄성(elasticity)

구조물 또는 재료에 외부하중(외력)이 작용하면 그 부분에 변형이 생기는데, 이 외력을 제거하면 원상태로 회복되는 성질을 말한다.

(2) 소성(plasticity)

구조물 또는 재료에 외부하중(외력)이 작용하면 그 부분에 변형이 생기는데, 원상태로 회복되지 못하고 일부 또는 전부가 변형된 상태로 남아 있는 성질을 말한다.

(3) 응력(stress)

구조물에 외력이 작용할 때 그에 반해 내부적으로 힘이 발생하는데, 이 힘의 크기를 말하고, 응력의 단위는 MPa(N/mm^2)이다.

(4) 변형률(strain)

구조물에 외력이 작용할 때 모양이 변하는데, 이때 직선길이의 변화를 변형이라 하며, 여기서 단위길이에 대한 변형을 변형률이라 한다.

(5) 응력-변형률곡선(stress-strain diagram)

응력과 변형률의 관계를 나타내는 것을 말하고, 주요 건설재료인 콘크리트, 연

강재의 응력과 변형률곡선을 그림 1.2.1과 같이 나타내었다.

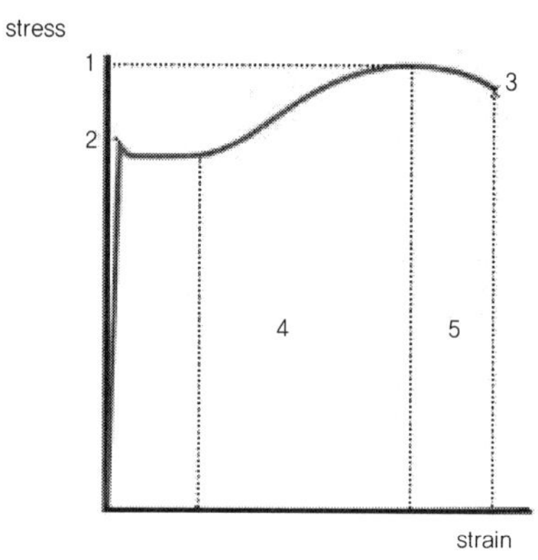

[그림 1.2.1] **응력-변형률곡선**

(6) 탄성계수(modulus of elasticity)

응력-변형률곡선에서 비례한도에 이르는 직선부의 경사가 서로 비례하여 훅크(Hooke)의 법칙이 성립하는 상수(E)를 탄성계수라 한다. 어떤 재료의 단면적 A, 길이 L의 부재에 하중 P가 작용하여 길이가 ΔL만큼 변하였다면 응력 f는 변형률 ε에 비례하며, 이때 비례상수를 탄성계수 또는 영계수라고 하며, E라 표시한다.

(7) 강도(strength)

물체에 하중이 작용할 때 그 하중에 저항하는 능력을 말하는데, 재료에 하중을 가하여 파괴에 도달했을 때의 하중을 그 공시체의 최초 단면적으로 나눈 값이다. 강도는 하중속도 및 작용에 따라 정적강도, 충격강도, 피로강도, 크리프강도 등이 있다. 단위는 기존의 하중단위인 kgf/cm^{2}에서 힘의 단위인 MPa로 적용한다.

※ 강도 단위 : 2003년부터 국제 규격 및 국제단위계 사용

f_{ck} : 240kgf/m^2 = 23.5MPa(N/mm^2)

(1kgf = 9.8N, 1kgf/cm^2 = 0.098 N/mm^2, 1MPa(1N/mm^2) = 10.1(kgf/cm^2)

① 정적강도(static strength) : 재료에 비교적 느린 속도로 하중을 가하여 파괴되었을 때 파괴시의 응력을 정적강도라 하며 압축강도, 인장강도, 휨강도, 전단강도, 비틀림강도, 지압강도 등이 있다. 일반재료에서 강도라고 하면 이 정적강도를 말한다.

② 충격강도(impact strength) : 재료에 충격적인(작용시간이 비교적 빠른 속도) 하중이 작용할 때 여기에 대한 저항성을 충격강도라 하며 정적강도와 구별된다. 충격강도는 재료의 파괴에 요구되는 에너지로 나타나며, 이를 충격치(impact value)라 한다.

③ 피로강도(fatigue strength) : 하중이 반복작용할 때 재료가 정적강도보다 낮은 강도에서 파괴되는 현상을 피로파괴라고 한다.

(8) 강성(rigidity)

외력을 받아도 변형을 적게 일으키는 재료를 강성이 큰 재료라고 할 수 있다. 강성은 재료의 탄성계수와 관계가 있으며, 강도와는 관계가 없다. 즉 변형이 쉬운 철재 스프링 강도는 높으나 강성은 낮다고 볼 수 있다.

(9) 경도(hardness)

재료의 긁힘, 절단, 마모 등에 대한 저항성을 말하며, 금속재료 등에서는 이 경도에 의해 기계적 성질의 대략을 알 수 있다. 보통 경도가 가장 강한 것은 다이아몬드이지만 현대는 합금을 통해 경도가 더 큰 재료를 만들고 있다.

2) 물리적 성질

(1) 중량에 관한 성질

① 비중(specific gravity) : 재료의 질량을 동일 체적의 4℃일 때 물의 질량으로 나눈 값을 말하며, 재료 내의 공극이나 수분을 제외한 실질적인 비중을 진비중(眞比重), 공극과 수분을 제외시키지 않은 비중을 겉보기비중이라 한다. 그리고 비중은 강도, 흡수성, 열전도 등과 밀접한 관계를 가지고 있다. 단위는 무차원으로 단위가 없으나 보통 단위체적당 무게인 kg/ℓ, kg/m^3를

겸해서 쓴다. 표 1.2.1에 대표재료의 비중과 열전도율을 나타내었다.

② 함수율(water content) : 재료에 함유되어 있는 물의 질량을 그 재료의 완전 건조시 질량으로 나눈 값을 백분율로 나타낸 것을 말하며, 완전히 건조된 재료는 함수율이 0이다. 목재, 콘크리트, 석재, 골재 등에 주로 사용된다.

일반적으로 무게비로 표시하며, 단위는 $^{\circ}/_{wt}$로 표기하기도 하고, 실험에 따라서는 부피비로 나타낼 때도 있으며, 이때 단위는 $^{\circ}/_{vl}$로 표기한다. 이러한 단위가 아닌 %가 사용되고 다른 언급이 없을 때는 기본적으로 중량비로 보면 된다.

[표 1.2.1] **각종 재료의 비중과 열전도율**

재료	비중	열전도율(W/mK)	재료	비중	열전도율(W/mK)
알루미늄	2.56~2.57	174~176	판유리	2.49~2.6	0.6~0.7
강철(C=0.1%)	7.85	29~49	고무	1.19	0.13~0.14
주철	6.85	7.28	지붕슬레이트	2.24	1.09
연철	7.8	38~48.2	텍스	0.21~0.26	0.052~0.125
동	8.84	332~326	리놀륨	1.2	0.16
화강암	2.81	2.9	공기(습도 33%)	0.117	0.026
대리석	2.7	11~12.9	아연철판	7.86	37.4
목재	0.4~0.7	1.14	석면판	0.93	0.1~0.14

(2) 열에 관한 성질

① 비열(specific heat) : 질량이 1g인 재료의 온도를 1℃ 높이는 데 필요한 열량을 그 재료의 비열이라 한다. 비열 값은 실험을 통하여 얻어지며, 단위는 J/kg·℃, cal/g·℃로 표시한다. 비열은 가열이나 냉각을 산정할 때 중요한 인자가 되며, 총열량은 비열에 질량을 곱하여 산정하므로 콘크리트와 같이 비열과 중량이 비교적 큰 재료일수록 많은 열을 축적한다. 단위질량의 열용량이 비열이다. 일반적으로 질량이 m(g)인 물질이 Q(cal) 만큼의 열량을 공급받아 ΔT(℃) 만큼 온도변화가 발생했다면 이때 비열(C)은 다음 식과 같다.

$$C = \frac{Q}{m \times \Delta T}(\text{cal/g} \cdot ℃)$$

② **열전도율**(thermal conductivity) : 단위두께를 가진 재료의 두 면에 단위온도차를 줄 때 단위시간에 전해지는 열량을 말한다. 단위는 kcal/mh℃가 사용되었으나 SI단위로 변경되어 사용하므로 W/mK가 사용된다. 열전도율의 역수를 열전도비 저항(mh℃/kcal, m℃/W)이라 하여 재료의 단열성을 나타낸다. 이 열전도율은 재료의 공극률이나 함수 정도에 따라 변화하며, 단열효율에 중요한 인자가 된다.

③ **열팽창계수**(coefficient of thermal expansion) : 재료가 온도의 변화에 따라 0℃ 체적을 기준으로 팽창·수축하는 비율을 말한다. 두 점 사이의 거리를 선팽창계수, 물체의 체적의 경우를 체적팽창계수라 한다. 일반적으로 체적팽창계수는 선팽창계수의 3배로 생각하면 되고, 단위는 체적의 경우 $L/L/$℃, 선팽창계수인 경우 mm/mm/℃로 표시한다. 이때 실제로 $L/L=1$, mm/mm=1로 표시되어야 하지만 체적인지 선인지 표시하기 위해 표현하기도 한다. 철근과 콘크리트의 경우는 열팽창계수가 거의 비슷하여 철근콘크리트 구조가 가능하게 하였다.

$$\left(\frac{\text{변화된 체적}}{\text{변화 전 체적}}\right)\text{변화온도} = \text{변화된 길이} / \left(\frac{\text{변화 전 길이}}{\text{변화온도}}\right)$$

(3) 음에 대한 성질

① **흡음률**(sound absorbing coefficient) : 벽체에 강도 e의 음을 투사하면 음은 벽체를 통과한 다음, 공간으로 확산한다. 이때 벽면에서의 반사량 e_1, 흡수량 e_2, 벽면에 전달되어 다른 부분에 방산된 양을 e_3, 벽체를 통과한 양을 e_4라 할 때 e_1/e를 반사율, e_4/e를 투과율이라 한다. 이들은 벽체의 음향적 성질을 나타내는 지표이며, e_4는 벽체 재료보다 오히려 벽체 구조에 의해 좌우된다. 즉 흡음률은 재료 자체에도 영향을 받지만 재료의 두께, 공기층의 두께, 재료의 설치 조건 등에 영향을 받는다. 흡음률은 주파수별로 곡선

으로 나타내고, 보통 500사이클/초를 음의 흡음률로 표시하며, 흡음률 α는 다음 식으로 나타낸다.

$$\alpha = 1 - \frac{e_1}{e}$$

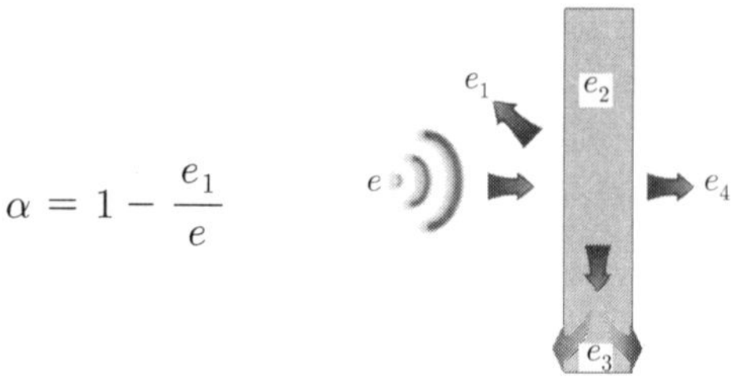

[그림 1.2.2] **흡음률의 정의**

② **차음률(sound insulating coefficient)** : 투과율의 역수를 차음률이라 한다. 즉 음의 전도를 막는 능력이라고 할 수 있으며, 차음률 R은 다음 식으로 나타내고, 단위는 dB(decibel)로 나타낸다.

$$R = 10\log_{10}\frac{e}{e_4}$$

(4) 빛에 대한 성질

① **투과율(transmission factor)** : 광선이 채광 재료를 얼마나 투과하느냐의 정도, 즉 투과율은 입사하는 광속에너지에 대해 투과하는 광속에너지 비율을 백분율로 표시한다. 투과율은 재료 표면의 평활도, 두께, 가시광선, 적외선, 자외선 등의 파장에 따라 달라진다.

② **반사율(reflection factor)** : 재료에 대한 빛의 반사는 난반사와 정반사로 구분하여 생각할 수 있는데 난반사는 재료의 색깔을 표현하고, 정반사는 재료의 광택을 나타낸다. 반사율은 재료에 입사하는 광속에너지에 대해 반사하는 광속에너지의 비율을 백분율로 표시한다.

3) 화학적 성질과 내구성(durability)

재료의 화학적 성질에는 재료의 화학성분이나 화학적 조직, 화학반응, 재료의 화학약품에 대한 저항성 등 중요한 성질이 포함되어 있다. 재료가 건습 및 동결융해의 반복, 마모 및 기계적 작용이나 화학적 작용에 저항하는 성질을 내구성이라 한다.

① **내후성(耐朽性)** : 동결융해, 건습, 온도변화 등 풍화작용에 대해 저항하는 성질

② **내마모성(耐磨耗性)** : 유수, 유사, 기계적 작용 등의 마모작용에 대해 저항하는 성질

③ **내식성(耐蝕性)** : 철강의 녹, 목재의 부식 등의 작용에 대해 저항하는 성질

④ **내화학약품성(耐化學藥品性)** : 산, 알칼리, 염류, 기름 등의 작용에 대해 저항하는 성질

⑤ **내생물성(耐生物性)** : 충류, 균류 등의 작용에 대해 저항하는 성질

3 품질시험

기타 공장제품의 재료는 공인인증 시험의 자료로 대체할 수 있으나 시멘트 및 콘크리트 관련 재료에 대해서는 현장에서 시험 검토되어야만 한다. 재료에 대하여 실시되고 있는 품질시험을 목적별로 분류하면 다음과 같다.

① 사용 여부를 결정하기 위한 시험

② 입수 가능한 재료 중 최적의 것을 선택하기 위한 시험

③ 공급되는 재료의 품질변화에 따라 적절한 조치를 취하기 위하여 실시하는 시험 또는 콘크리트에 대한 시험

- 재료 선택
- 배합 결정
- 소요배합의 콘크리트가 제조되고 있는지 확인
- 양생의 적합성 여부 및 거푸집 제거 시기 결정
- 시공용 기계설비의 성능 분류

시멘트에 대해서는 일반적으로 물리적 시험과 필요에 따라 수화열, 화학분석 및 이상응결 등의 시험이 실시되고, 또한 골재에 대해서는 체가름 시험, 표면수량, 단위용적중량, 비중 및 흡수량의 각 시험과 필요에 따라 세척 시험, 유기불순물, 마모, 안정성, 콘크리트로서의 강도 및 동결융해, 알칼리-골재반응, 암석학적인 각 시험이 행해지고 있다. 그리고 콘크리트에 대해서는 컨시스턴시, 공기량, 압축강도 등의 시험과 필요에 따라 단위용적중량, 블리딩, 압축강도 이외의 강도, 탄성, 소성적 성질, 투수성, 동결융해 등의 시험이 실시되고 있다. 시험은

또한 실시하는 시기에 따라 공사 개시 전, 공사 중, 공사 종료 후에 실시하는 시험으로 나뉜다. 공사 개시 전에 실시하는 시험은 재료의 적합성 여부 결정 및 콘크리트 배합을 선정하기 위하여 실시하는 것이다.

1 재료의 품질변동

인공적으로 제조되는 시멘트, 콘크리트, 강재와 같은 건설재료는 동일한 원료, 제조방법을 사용하더라도 그 품질에 변동이 발생하게 된다. 주요 원인은 다음과 같다.

① 원료의 품질변동에 의한 것

② 제조 또는 작업공정 중에 발생하는 것

③ 시험할 때의 오차에 의해 발생하는 것

2 관리도

품질관리에서는 품질의 변동 상황을 빨리 판단하는 방법으로 관리도가 중요하게 사용된다. 관리도에는 품질의 중심적 경향을 표시하는 중심선과 그 상하에 품질의 허용 가능한 오차의 폭을 표시하는 상하관리 한계선이 있다. 관리도의 핵심은 이 관리한계를 어느 표시에 두느냐에 달려 있다. 일반적으로 관리한계는 그 통계량의 평균값을 중심선으로 하고, 상하에 표준편차의 3배를 취하는 방법이 많이 이용되고 있다.

3 품질검사

제품의 품질을 판정하기 위해서는 제품을 임의로 샘플링하여 검사한다. 샘플링 검사는 로트에서 시료를 샘플링하여 검사하고, 합리적으로 판정기준과 비교하여 그 로트의 합격 여부를 판정하는 검사방법이다.

4 품질시험 및 검사 법적 기준

1) 품질시험 및 검사의 실시

① 건설업자 및 주택건설등록업자는 건설공사의 품질 확보를 위하여 품질 및 공정관리 등 건설공사의 품질관리 계획 또는 품질시험계획을 수립하고 이에 따라 품질시험 및 검사를 실시하여야 한다.(건설기술진흥법 2013.8.6 개정 제55조 제1항, 제2항)

② 품질시험 및 검사를 실시하거나 대행하는 자는 별지 제49호 서식에 따른 품질검사 성적서를 작성·통보하여야 한다.(건설기술진흥법 시행규칙 2015.1.29 개정 제56조 제3항)

③ 발주자는 건설공사에 사용되는 재료 중 중요하다고 인정되는 재료에 대한 품질검사 과정에 참관·확인할 수 있다.(건설기술진흥법 시행규칙 2015.1.29 개정 제56조 제4항)

2) 품질시험 및 검사기준

① 한국산업표준(KS)(건설기술진흥법 시행령 2015.1.6 개정 제91조 제1항)

② 설계 및 시공기준(건설기술진흥법 2013.8.6 개정 제44조 제1항)

- 건설공사 설계기준
- 건설공사 시공기준 및 표준시방서 등
- 기타 건설공사 관리에 필요한 사항

3) 품질시험 및 검사를 실시하지 아니할 수 있는 재료(건설기술진흥법 시행령 2015.1.6 개정 제91조 제2항)

① 품질검사전문기관의 시험성적서가 제출되는 재료(이 경우 시험성적서가 제출되는 재료는 발주자 또는 감리원의 봉인 또는 확인을 거쳐 시험한 것을 말한다.)

② 산업표준화법에 의한 한국산업표준 인증제품(KS 인증제품)

③ 주택법 등 관계법령에 의하여 품질검사를 받았거나 품질을 인증받은 재료

④ 다만, 시간경과 또는 장소이동 등으로 인하여 재료의 품질변화가 우려되어 발주자가 품질시험 또는 검사를 필요로 하는 경우에는 그러하지 아니한다.

4) 품질시험 기준에 명시되지 아니한 자재

품질시험 기준에 명시되지 아니한 자재는 당해 공사의 설계도서에 제시된 시험 공종, 방법 및 빈도에 따라 품질을 확인하여야 한다.

5) 건설공사 품질관리를 위한 시설 및 품질관리자 배치기준

시험·검사장비 및 인력기준(건설기술진흥법 시행규칙 2015.1.29 개정 제50조 제4항 별표 5)

[표 1.3.1] **시험, 검사장비 및 인력기준**

대상공사 구분	공사규모	시험·검사장비	시험실 규모	품질관리자의 자격
특급품질 관리대상 공사	영 제89조 제1항 제1호 및 제2호에 따라 품질관리계획을 수립하여야 하는 건설공사로서 총공사비가 1,000억 원 이상인 건설공사 또는 연면적 5만m^2 이상인 다중이용 건축물의 건설공사	영 제91조 제1항에 따른 품질검사를 실시하는 데 필요한 시험·검사장비	100m^2 이상	가. 특급기술자 1명 이상 나. 중급기술자 2명 이상
고급품질 관리대상 공사	영 제89조 제1항 제1호 및 제2호에 따라 품질관리계획을 수립하여야 하는 건설공사로서 특급품질관리 대상 공사가 아닌 건설공사	영 제91조 제1항에 따른 품질검사를 실시하는 데 필요한 시험·검사장비	50m^2 이상	가. 고급기술자 1명 이상 나. 중급기술자 2명 이상

(표 계속)

대상공사 구분	공사규모	시험·검사장비	시험실 규모	품질관리자의 자격
중급품질 관리대상 공사	총 공사비가 100억 원 이상인 건설공사 또는 연면적 5,000m^2 이상인 다중이용 건축물의 건설공사로서 특급 및 고급품질관리 대상 공사가 아닌 건설공사	영 제91조 제1항에 따른 품질검사를 실시하는 데 필요한 시험·검사장비	30m^2 이상	가. 중급기술자 1명 이상 나. 초급기술자 1명 이상
초급품질 관리대상 공사	영 제89조 제2항에 따라 품질시험계획을 수립하여야 하는 건설공사로서 중급품질관리 대상 공사가 아닌 건설공사	영 제91조 제1항에 따른 품질검사를 실시하는 데 필요한 시험·검사장비	20m^2 이상	초급기술자 1명 이상

주) 1. 건설기술자는 법 제21조 제1항에 따른 신고를 마치고 품질관리 업무를 수행하는 사람을 말하며, 건설기술자란의 각각의 등급은 영 별표 1에 따라 산정된 등급을 말한다.

2. 발주청 또는 인·허가기관의 장이 특히 필요하다고 인정하는 경우에는 공사의 종류·규모 및 현지 실정과 법 제60조 제1항에 따른 국립·공립 시험기관 또는 건설기술용역업자의 시험·검사대행의 정도 등을 고려하여 시험실 규모 또는 품질관리 인력을 조정할 수 있다.

건축재료시험

CHAPTER 1 시멘트(cement)

CHAPTER 2 골재(aggregate)

CHAPTER 3 콘크리트(concrete)

CHAPTER 1

시멘트(cement)

1 시멘트의 정의

시멘트는 구조재료인 콘크리트를 이루는 주된 결합재료이자 건축미장용 결합재로서 건축재료 중 가장 많이 사용되고 있는 재료이다. 시멘트(cement)는 넓은 의미로 해석하면 석고(gypsum), 석회(lime), 포틀랜드시멘트(portland cement), 아스팔트(asphalt), 합성수지(synthetic resin) 등 무기질과 유기질 결합재의 총칭으로 말할 수 있으나, 여기에서 말하는 시멘트는 건축, 토목용 콘크리트 또는 모르타르에 이용되는 무기질 수경성 시멘트를 의미한다. 일반적으로 이용되는 포틀랜드시멘트는 1824년 영국의 조셉 아스프딘(J. Aspdin)에 의해 발명되었다.

1.1 시멘트 제조

시멘트 제조방법을 공정별로 구분하면 원료의 조정, 소성, 마감공정으로 나눌 수 있다. 시멘트의 제조방법은 점토(SiO_2, Al_2O_3, Fe_2O_3 등)와 석회석(CaO 함유)을 주원료로 하여 이들을 미세하게 분쇄하여 슬러지 상으로 만들어 적당한 비율로 혼합한 후, 일부가 용융될 때까지 소성시켜 만든 클링커에 3% 정도의 석고를 가하여 미세한 분말로 만든다. 원료의 혼합비율로 석회석과 점토의 비율을 대략 4 : 1 정도로 하며, 재료의 분쇄 및 혼합과 소성시 함수상태에 따라 건식법, 습식법, 반건식법으로 구분한다.

1.2 시멘트의 종류

시멘트의 종류는 다음과 같이 나눈다. 각 시멘트에 관한 내용은 부기된 한국산업규격(KS)에 의한다.

1) 포틀랜드시멘트(portland cement)

① 포틀랜드시멘트: KS L 5201 다음과 같은 종류를 포함함.
1종(보통 포틀랜드시멘트), 2종(중용열 포틀랜드시멘트), 3종(조강 포틀랜드시멘트), 4종(저열 포틀랜드시멘트), 5종(내황산염 포틀랜드시멘트), 초고강 시멘트, 백색 포틀랜드시멘트

2) 혼합시멘트(blended cement, mixed cement)

① 고로슬래그시멘트

② 포틀랜드 포졸란시멘트

③ 플라이애시시멘트

④ 착색시멘트

3) 특수시멘트(special cement)

① 초속경시멘트

② 알루미나시멘트

③ 팽창시멘트

④ 폴리머시멘트

⑤ 메이슨리시멘트

1.3 품질

시멘트의 품질은 화학성분과 물리성능으로 나누어 규정되고 있다. 표 2.1.1은 시멘트의 화학성분을, 표 2.1.2는 물리적 성능을 나타내고 있다.

[표 2.1.1] **시멘트의 화학성분** (단위 : %)

항목	종류				
	1종	2종	3종	4종	5종
산화마그네슘(MgO)	5.0 이하	5.0 이하	5.0 이하	5.0 이하	5.0 이하
삼산화황(SO_3)	3.5 이하	3.0 이하	4.5 이하	3.5 이하	3.0 이하
강열감량	3.0 이하	3.0 이하	3.0 이하	3.0 이하	3.0 이하
규산삼석회(C_3S)	–	50 이하	–	–	–
규산이석회(C_2S)	–	–	–	40 이상	–
알루민산삼석회(C_3A)	–	8.0 이하	–	6.0 이하	4.0 이하

주) 화학성분을 기호로 표시할 때, C=CaO, S=SiO_2, A=Al_2O_3, F=Fe_2O_3로 한다.
보기를 들면 $C_3A=3CaO \cdot Al_2O_3$

[표 2.1.2] **시멘트의 물리성능**

항목			종류				
			1종	2종	3종	4종	5종
분말도	비표면적(blaine) (cm^2/g)		2800 이상	2800 이상	3300 이상	2800 이상	2800 이상
안정도	오토클레이브 팽창도(%)		0.8 이하	0.8 이하	0.8 이하	0.8 이하	0.8 이하
	르샤틀리에(Lechatelier)(mm)		10 이하	10 이하	10 이하	10 이하	10 이하
응결시간[1)]	비카 시험	초결 (분)	60 이상	60 이상	45 이상	60 이상	60 이상
		종결 (시간)	10 이하	10 이하	10 이하	10 이하	10 이하
수화열 (J/g)	7일		–	290 이하	–	250 이하	–
	28일			340 이하		290 이하	
압축강도 (MPa/ N/mm^2)	1일		–	–	10.0 이상	–	–
	3일		12.5 이상	7.5 이상	20.0 이상	–	10.0 이상
	7일		22.5 이상	15.0 이상	32.5 이상	7.5 이상	20.0 이상
	28일		42.5 이상	32.5 이상	47.5 이상	22.5 이상	40.0 이상
	91일					42.5 이상	

주 1) 안정도 시험방법은 수요자의 요구에 따라 오토클레이브 시험과 르샤틀리에 시험 중 택일하여 실시한다.
2) 중용열시멘트의 28일 수화열은 수요자의 요구가 있을 때만 적용한다.
3) 3일 강도는 1일 강도보다, 7일 강도는 3일 강도보다, 28일 강도는 7일 강도보다 커야 한다.
4) 압축강도 중 포장시멘트의 28일 강도, 비포장시멘트의 7일, 28일 강도는 수요자가 요구하지 않을 때는 생략할 수 있다.

2 시멘트의 밀도 시험방법(KS L 5110 : 2021)

2.1 시멘트의 밀도 시험에서 알아야 할 사항

① 밀도(密度, density) : 물질의 단위 부피당 질량으로 KS 표준 개정에 의해 기존 시멘트 비중에서 시멘트 밀도로 변경되었으며 단위는 mg/m^3를 사용함.

② 강열감량(强熱減量, ignition loss) : 시멘트나 석회 등을 고온에서 가열한 때 잃는 수분, 결정수(結晶水), 탄산가스, 휘발성 물질 등의 무게.

2.2 시멘트의 밀도 시험목적

시멘트는 분말상태이므로 밀도 측정이 매우 어렵다. 그러나 다음과 같은 시멘트의 성질을 대변하는 물리적 상수로 중요하다. 따라서 시멘트의 밀도 측정은 반드시 이루어져야 한다.

① 보통시멘트의 일반적인 밀도 범위는 3.05~3.15 사이에 있다.

② 시멘트의 밀도 시험은 클링커 소성 정도, 원료 배합비율 관리, 혼화재 혼입 유무를 판정하는 하나의 방법이다.

③ 시멘트의 밀도는 소성이 불충분하거나 이물질이 혼입되어 있으면 작아진다. 또 시멘트의 종류를 추정하는 데도 도움이 된다.

④ 시멘트의 밀도는 콘크리트 배합설계를 할 때, 단위시멘트량으로부터 시멘트의 절대용적, 즉 콘크리트 $1m^3$당 시멘트가 차지하는 비율을 구할 때 필요하다.

⑤ 시멘트의 밀도는 공기 중의 수분 및 탄산가스를 흡수하여 풍화하면 점차 작아진다. 따라서 밀도 시험은 풍화의 정도를 판정하는 데 도움이 된다.(강열감량으로도 판별 가능)

2.3 시험기구

- 르샤틀리에 플라스크(Le Chateller flask) : 그림 2.1.1 및 사진 2.1.1 참조
- 저울 : 끝달림 0.1g
- 수조
- 온도계
- 기타 : 비커, 철사, 휴지(흡유지)
- 광유 : 온도 20±1℃, 밀도 약 0.73Mg/m³ 이상인 완전 탈수된 등유나 나프타 사용

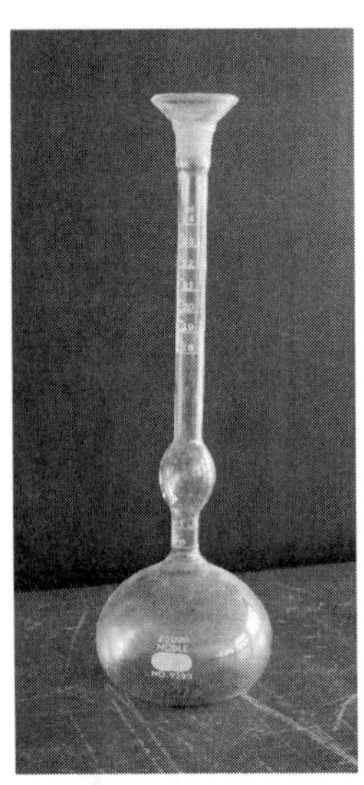

[사진 2.1.1] **르샤틀리에 플라스크**

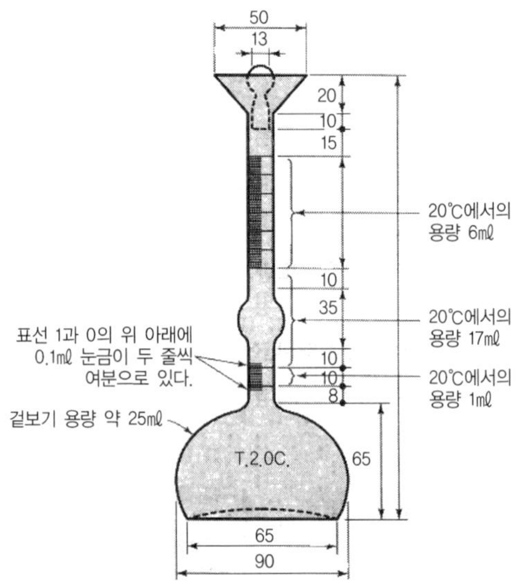

[그림 2.1.1] **르샤틀리에 플라스크(단위 : mm)**

2.4 시험방법

강열감량된 시멘트의 밀도가 필요할 때는 강열감량시킨 시멘트를 사용한다.

① 플라스크의 눈금이 0~1mℓ 사이 눈금선까지 오도록 광유를 넣는다.

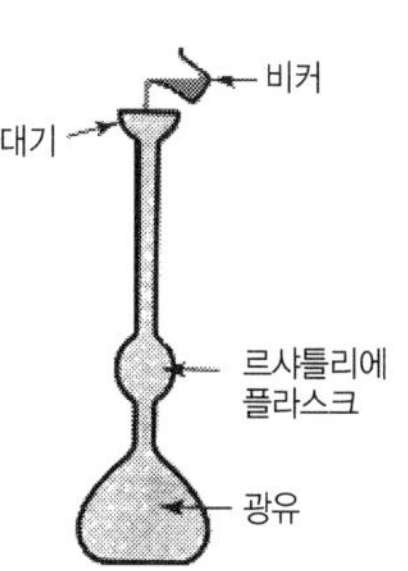

[그림 2.1.2] **광유 붓기**

② 필요한 경우 광유를 부은 다음 액면 윗부분의 르샤틀리에 플라스크 내부가 마르도록 한다.

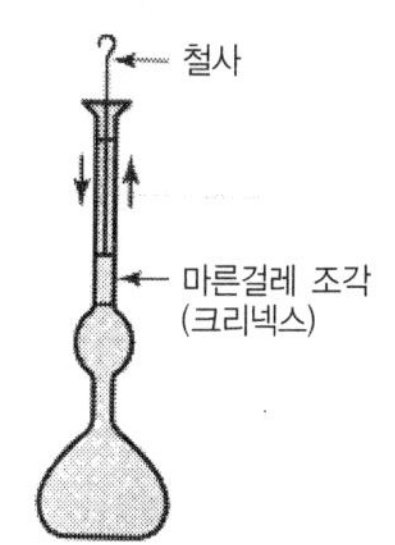

[그림 2.1.3] **광유잔유 닦기**

③ 르샤틀리에 플라스크를 실온으로 일정하게 되어 있는 물중탕에 넣고 온도차가 0.2℃ 이내로 되었을 때의 눈금을 읽어 기록한다.

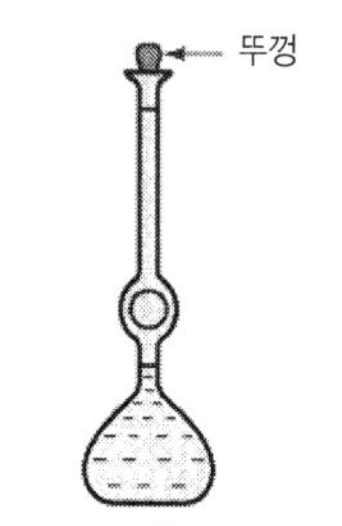

[그림 2.1.4] **눈금읽기**

④ 시멘트 64g을 0.05g까지 측정하여 광유와 동일한 온도에서 조금씩 넣는다. 이때 시멘트의 덩어리나 뭉친 것은 부셔서 측정에 사용한다.(특히, 풍화된 것 주의)

[그림 2.1.5] **시멘트담기**

⑤ 측정된 시멘트를 플라스크에 집어넣는다. 미소량이므로 플라스크의 목에 걸리지 않도록 하고 걸리면 솔 등으로 털어서 넣도록 한다.

⑥ 시멘트가 광유에 침유되고, 기포가 모두 위로 빠지도록 굴리거나 약하게 두들겨 준다. 이때 광유의 증발을 막아야 한다.

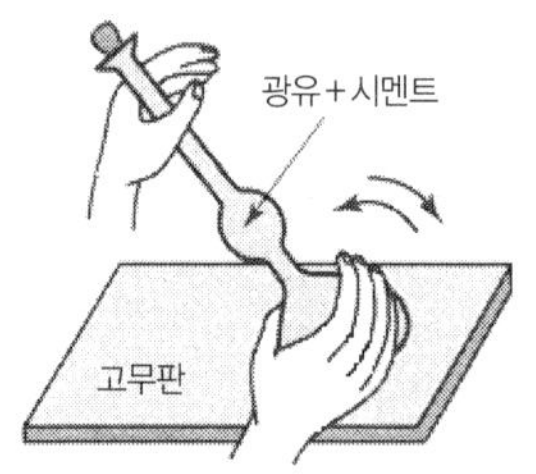

[그림 2.1.6] **기포빼기**

⑦ 기포가 완전히 제거된 후 광유의 부피를 측정한다. 이때 광유 표면부는 상부의 눈금 부위에 있다. 단, 이때도 광유를 물중탕에 넣어서 온도차가 0.2℃ 이내가 될 때 눈금을 읽는다.

⑧ 측정한 후 르샤틀리에 플라스크는 광유로 잘 씻어서 내부에 시멘트의 잔분 등이 남지 않도록 하여야 한다.

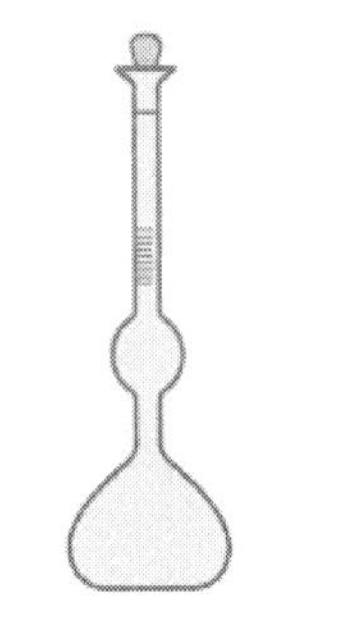
[그림 2.1.7] **측정**

[사진 2.1.2] **아래눈금**

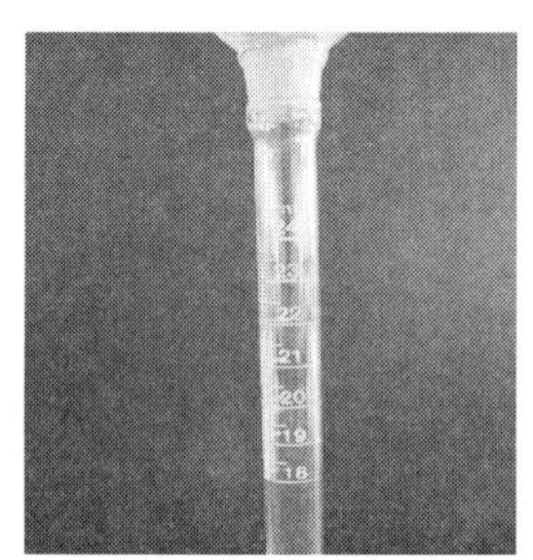
[사진 2.1.3] **최종눈금**

2.5 시험결과 계산

① 밀도 계산식

$$\text{시멘트의 밀도}(\mathrm{mg/m^3}) = \frac{\text{시멘트의 질량(g)}}{\text{르샤틀리에 플라스크의 눈금 차}(\mathrm{m\ell})}$$

② 계산상 주의사항

시험은 2회 이상 실시하여 밀도 값이 ±0.03Mg/m^3 이내이어야 한다.

2.6 참고사항

① 현재 시판되고 있는 포틀랜드시멘트의 일반적인 밀도는 다음과 같다.

[표 2.1.3] **포틀랜드시멘트의 밀도** (단위 : mg/m^3)

시멘트의 종류		범위	평균값
포틀랜드시멘트	보통	3.13~3.20	3.16
	조강	3.12~3.16	3.14
	초조강	3.08~3.11	3.10
	중용열	3.20~3.22	3.21
	내황산염	3.20~3.22	3.21

② 시멘트의 주요한 조성화합물, 혼화재 등의 밀도는 다음과 같다.

[표 2.1.4] **시멘트 및 혼화재의 조성화합물** (단위 : mg/m^3)

종류		밀도
조성화합물	$3CaO \cdot SiO_2$	3.13
	$2CaO \cdot SiO_2$	3.28
	$3CaO \cdot Al_2O_3$	3.00
	$4CaO \cdot Al_2O_3 \cdot Fe_2O_3$	3.77
석고	$CaSO_4 \cdot 3H_2O$	2.32
혼화재	고로슬래그	2.8~2.9
	실리카질 혼합재	2.0~2.7
	플라이애시	2.0~2.4

③ 시멘트는 저장 중에 공기와 접하면 수분(H_2O)과 탄산가스(CO_2)를 흡수하여 경미한 수화와 탄산화작용을 일으켜 풍화하며 밀도가 저하한다. 시멘트의 저장과 밀도변화의 일례를 나타내면 다음 [표 2.1.5]와 같다.

[표 2.1.5] **시멘트 저장기간**

저장기간(월)	0	1	2	3	6	9
밀도(mg/m^3)	3.14	3.14	3.11	3.09	3.10	3.11

주) 시멘트 내부의 덩어리가 없는 분말상의 시멘트에 대하여 측정해야 한다.

3 공기투과 장치에 의한 포틀랜드시멘트의 분말도 시험 방법(KS L 5106 : 2019)

3.1 시멘트의 비표면적 시험에서 알아야 할 사항

① 분말도: 단위용적중량, 응결, 안정성, 강도, 수화속도, 수화열, 건조수축, 보수성, 워커빌리티, 분리저항, 공기량 등 인자와 깊은 관계가 있다. 따라서 분말도 측정은 시멘트의 물리적 상태 하나만을 알기 위한 것이 아니라 모르타르 및 콘크리트의 모든 성질까지 추정하는 데 매우 중요하다.

② 분말도 시험: 비표면적 시험 및 표준체에 의한 시험이 있는데, 비표면적 시험이 일반적으로 사용되고 있다.

③ 비표면적: 재료의 표면적을 그 무게로 나눈 값(cm^2/g)을 말하는데, 시멘트의 경우 1g의 시멘트 총 표면적(cm^2/g)을 뜻한다. 시멘트 분말도는 블레인(Blaine)의 비표면적으로 나타내는 경우가 많다. 이는 5,260cm^2/g를 100으로 한 값이다.

3.2 시멘트의 비표면적 시험목적 및 원리

시멘트의 비표면적은 분말도와 같은 개념의 물성치로써 응결과 경화 및 수화열, 색상 등에 큰 영향을 미치는 요소이다. 따라서 현장에서 사용 시 수화열, 강도발현 등에 필요한 값이다. 일정한 기공을 갖도록 한 시멘트 베드를 형성하여 일정한 공기를 흡입시키고 이에 걸리는 시간을 표준시멘트로 제작된 베드로 교정하고 시험 시멘트로 제작된 베드의 투과시간으로 계산하는 것이다.

3.3 시험기구

• 블레인 공기투과장치(air permeability apparatus) 세트

① 투과 셀(cell): 유리나 부식하지 않는 금속. ϕ12.7±0.7mm 원통형

② 플런저(plunger): 배기구멍이 측면이나 중앙에 있어야 함. 셀에 0.1mm 이내로 잘 맞도록 제작.

③ 다공 금속판

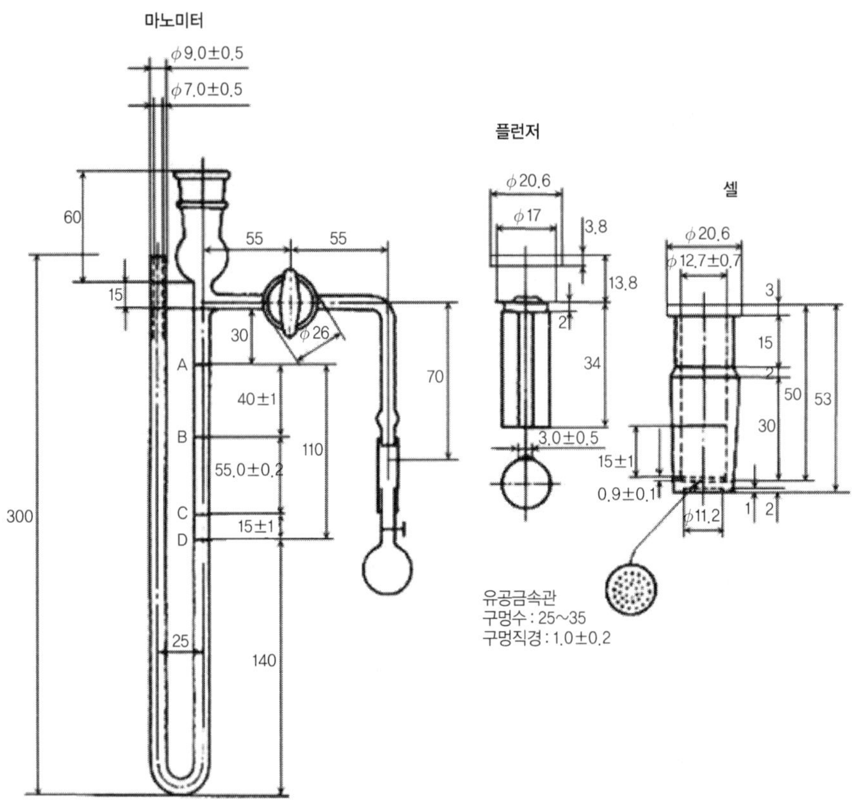

[그림 2.1.8] **블레인 공기투과장치 세트 (단위 : mm)**

- 여과지 : 정량 분석용
- 스톱워치 : 끝달림 1/20초 이하, 1% 정밀도
- 저울 : 100g, 감량 0.005g
- 마노미터액(manometer) : 디부틸프탈레이트, 경질광유로 제4눈금까지 채움.
- 기타 : 붓, 순가락, 시료병 등

3.4 시험방법

블레인 공기투과 시험에 의한 비표면적 시험은 다음과 같은 방법으로 실시한다. 단, 미국 표준국의 표준시료 No.114(시멘트 시료)를 사용하여 본 시험방법으로 3회 이상 동일인이 실시하여 매회 시멘트 베드를 형성하고, 그 값을 평균하여 표준화한다.

1) 장치의 표준화 시험

① 장치의 표준화 시험에는 분말도 측정 교정용 표준시료를 사용한다. 교정용 표준시료의 밀도는 3.15g/cm^3, 베드의 기공률은 0.500±0.005로 한다. 시험방법은 베드의 부피 측정 및 투과시험에 준하여 실시하며, 마노미터액이 B표선에서 C표선까지 내려오는 시간을 측정한다.

② 표준화 시험은 다음의 경우마다 행한다.

- 셀, 플런저가 마모되었을 때
- 마노미터액의 오염 및 증감이 있을 때
- 시험용 거름종이의 크기 또는 품질에 변화가 있을 때
- 시험용 시료 및 장치의 온도가 이미 행한 표준화 시험시의 온도와 ±3℃ 이상의 차이가 있을 때

2) 시멘트 베드의 부피 측정

① 먼저 시멘트 베드의 부피를 측정한다. 시료를 다져 만든 베드의 부피 측정은 수은대치법으로 결정한다. 두 장의 거름종이를 투과 셀 안에 깐다. 셀보다 가는 막대로 거름종이를 눌러내려 다공금속판 위에 고르게 편다. 다음으로 수은을 셀 안에 채우며, 셀 벽의 공기는 모두 없애도록 한다. 셀은 집게로 집어야 한다. 셀이 수은과 아말감 작용을 일으킬 염려가 있는 재질로 되어 있으면 수은을 넣기 바로 전에 아주 얇게 기름을 발라야 한다. 작은 유리판으로 셀의 윗부분을 평활하게 한다. 셀 안의 수은을 모두 쏟아내 질량을 측정한다.

② 셀 안의 거름종이 한 장을 제거한다. 시험적으로 2.8g의 시멘트(표준시료가 아니어도 됨)를 셀 안에 채우고 거름종이를 위에 넣고 셀 벽을 두드려서 시료를 고르게 하고 시멘트를 압축한다. 이때 플런저를 빨리 넣으면 시멘트가 위로 날려 나오므로 주의한다. 셀 위의 남은 공간에 수은을 채우고, 공기를 제거하여 윗부분을 수평하게 한다.

③ 수은을 쏟아내어 질량을 달아 기록한다. 아래 식에 따라 0.005cm^{3}까지 시멘트 베드의 부피를 측정한다.

$$V = \frac{W_a - W_b}{D}$$

단, V : 시멘트 베드의 부피(cm^3)

D : 시험 시 온도에서 수은 밀도(g/cm^3)

W_a : 셀 안을 전부 채운 수은의 질량(g)

W_b : 셀 안에 시멘트 베드를 만들고 남은 공간을 채운 수은 질량(g)

④ 본 시험은 2번 이상 실시하여 계산 결과 값이 ±0.005cm^3 이내로 맞는 것의 평균값을 취한다.

⑤ 수은은 유독성 물질이며, 분리수거 대상이므로 시험 시 취급에 주의가 필요하다.

[표 2.1.6] 온도에 따른 공기의 점도 (η), ($\sqrt{\eta}$)와 수은[1)]의 밀도

실온 ℃	수은의 밀도 g/cm³	수은의 밀도 η poises	$\sqrt{\eta}$
16	13.56	0.000 178 8	0.013 37
18	13.55	0.000 179 8	0.013 41
20	13.55	0.000 180 8	0.013 45
22	13.54	0.000 181 8	0.013 48
24	13.54	0.000 182 8	0.013 52
26	13.53	0.000 183 7	0.013 55
28	13.53	0.000 184 7	0.013 59
30	13.52	0.000 185 7	0.013 63
32	13.52	0.000 186 7	0.013 66
34	13.51	0.000 187 6	0.013 70

주 1) 수은의 밀도는 측정, 확인하여야 한다.

3) 투과시험

① 표준 시멘트 약 10g을 약 50mℓ의 시료병에 넣고 밀봉하여 약 1분간 강하게 흔들어준다. 덩어리 등이 다 풀어질 때까지 실시한다.

② 저울에 시료를 측정할 양을 다음 식으로 계산하고, 시료를 0.005g까지 정확히 단다.

$$m = pv(1-e)$$

단, m : 저울에 달 시료의 질량(g)

p : 시료의 밀도

v : 셀 중의 시료 베드 부피(cm³)

e : 시료 베드의 기공률 0.500±0.005

이 경우, 시료의 밀도(p) 및 시료 베드의 기공률(e)은 표 2.1.7에 따른다.

[표 2.1.7] **시멘트의 비중과 기공률**

시멘트의 종류	비중(평균값)	기공률(e)
보통 포틀랜드시멘트	3.15	0.500±0.005
조강 포틀랜드시멘트	3.12	0.520±0.005
초조강 포틀랜드시멘트	3.11	0.540±0.005
중용열 포틀랜드시멘트	3.20	0.500±0.005
저열 포틀랜드시멘트	3.22	0.520±0.005
내황산염 포틀랜드시멘트	3.20	0.500±0.005
고로슬래그시멘트(1종, 2종, 3종)	실측값	0.510±0.005
실리카시멘트(1종, 2종, 3종)	실측값	0.510±0.005
플라이애시시멘트(A종, B종, C종)	실측값	0.510±0.005

③ 시멘트 베드를 제작하는 첫 단계로 투과 셀을 마노미터에서 분리한 후, 플런저를 빼낸 상태에서 투과 셀의 저부에 다공판(금속제)을 제 위치시킨다.

④ 다공판 위에 여과지 1장을 놓는다. 셀보다 조금 가는 막대로 거름종이를 가지런히 펼쳐놓는다.

⑤ 위의 2)의 ②에서 계산된 양의 시멘트를 0.001g까지 정확히 달아 셀 안에 넣고 셀 벽을 두드려 시료를 고르게 한다. 거름종이를 시료 위에 놓고 플런저의 턱이 셀의 위쪽에 닿을 때까지 플런저를 가볍게 누른 다음 플런저를 다시 천천히 뺀다.(시멘트 베드의 높이가 15±1이 되도록 함) 이때도 플런저를 빨리 넣으면 시멘트가 위로 날려나오므로 주의해야 한다.

⑥ 투과 셀을 마노미터에 밀착시킨다.

⑦ 고무구 펌프를 오른손으로 쥐고 왼손으로는 콕을 연다.

⑧ 고무구 펌프를 천천히 놓아서 마노미터 U자관의 한 쪽에 있는 공기를 천천히 빼내어 마노미터액이 A표선까지 오게 하여 콕을 닫아 밀봉한다.

⑨ 마노미터액을 내리기 시작하여 B표선에서 C표선까지 오는 시간을 0.5초 단위까지 측정한다.(보정 시험은 표준시료로 3회 이상 실시)

3.5 시험결과 계산

비표면적은 다음 식에서 구한다.

$$S = S_0 \frac{p_0}{p} T \frac{1-e_0}{\sqrt{e_0^3}} \frac{\sqrt{e^3}}{1-e}$$

단, S : 시료의 비표면적(cm^2/g)

S_0 : 교정용 표준시료의 비표면적(cm^2/g)

p_0 : 교정용 표준시료의 밀도($3.15g/cm^3$)

p : 시료의 밀도(g/cm^3)

T : $T = \sqrt{\frac{t}{t_0}}$

t : 시료를 베드로서 사용했을 때의 마노미터액이 B표선에서 C표선까지 내려오는 시간(s)

t_0 : 교정용 표준시료를 베드로서 사용했을 때의 마노미터액이 B표선에서 C표선까지 내려오는 시간(s)

e_0 : 교정용 표준시료의 베드 기공률(0.500)

e : 시료의 베드 기공률

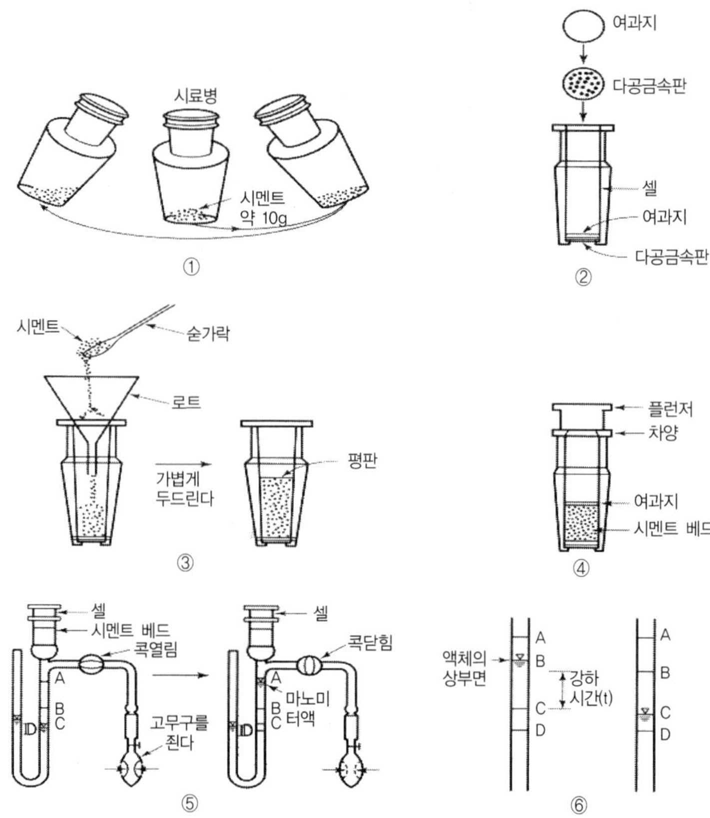

[그림 2.1.9] **시멘트의 브레인방법에 의한 비표면적 시험**

4 90㎛ 표준체에 의한 시멘트의 분말도 시험방법 (KS L 5117 : 2021)

4.1 분말도 시험목적

시멘트의 분말도를 구하는 시험으로 모르타르와 콘크리트의 수화열 및 응결과 이에 따른 강도를 예측할 수 있다. 표준체에 의한 건식방법으로 측정이 편리하다.

분말도라 하면 시멘트의 클링커를 분해할 때 그 입자의 고운 정도, 분말도가 높을수록 수화작용이 빠르므로 조기 강도가 높고 발열량도 약간 높아지며 워커빌리티(시공연도), 공기량, 수밀성, 내구성 등에도 영향을 준다.

※ 참고 : 표준체는 골재나 흙 등의 입도(粒度)재료를 구분하는 체. 골재용으로는 호칭치수가 0.088, 0.15, 0.3, 0.6, 1.2, 2.5, 5, 10, 15, 20, 25, 30, 40, 50, 60, 80, 150mm의 것을 사용한다.

4.2 시험기구

- **표준체** : KS A 5101-1에 규정된 90㎛체
- **저울** : 끝달림 0.1g
- **스톱워치**
- **기타** : 솔, 종이 등

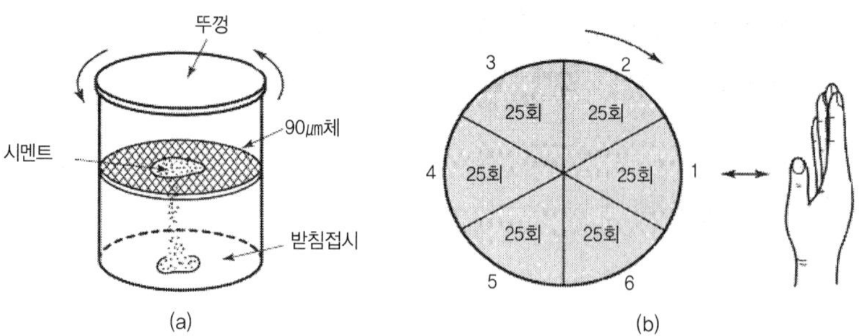

[그림 2.1.10] **표준체에 의한 분말도 시험**

4.3 시험방법

① 시료 50g을 측정한다.

② 90㎛체에 넣는다.

③ 체를 돌리면서 시멘트를 통과시킨다.

④ 한 손으로 150회/분 정도의 속도로 체를 가볍게 두드리며, 25회 두드릴 때마다 1/6만큼 체를 회전시킨다. 분말이 뭉쳐 있는 것은 손가락 끝으로 체틀에 가볍게 비벼서 부순다.

⑤ 1분간 체 통과량이 0.1g 이하가 되었을 때 체가름을 끝내고 체 위에 남은 양의 질량을 측정한다.

⑥ 다음 식으로 계산한다. 소수점 이하 한 자리로 한다.

4.4 결과 계산방법

다음 식에 의해 계산한다.

$$F = \frac{W_2}{W_1} \times 100$$

단, F : 90μm 표준체를 통과한 시료의 분말도(%)

W_2 : 시료의 질량(g)

W_1 : 체 위에 남는 질량(g)

5 수경성 시멘트 모르타르의 압축강도 시험방법 (KS L 5105 : 2017)

5.1 수경성 시멘트 모르타르의 압축강도 시험에서 알아야 할 사항

시멘트의 종류는 경화방법에 의해 수경성과 기경성으로 나눈다.

① 압축강도 : 단순 압축력을 받는 부재가 파괴될 때의 강도, 즉 최대 압축 하중을 부재의 단면적으로 나누어 단위면적에 대한 힘으로 나타낸 것이다. 파괴 시의 최대 압축하중을 N_{max}라고 할 때 다음 식과 같고, 압축파괴강도라고도 한다.

$$\sigma = \frac{N_{max}}{A}$$

② 수경성(水硬性, hydraulicity) : 물과 반응하여 경화(硬化)하는 성질이다.

③ 기경성(氣硬性, anhydraulicity) : 공기 속에서만 경화하는 성질로, 소석회, 마그네시아 등은 이 성질을 가진다.

④ 모르타르 : 넓은 뜻으로는 잔골재와 결합 경화재(硬化材)를 섞어 비빈 것이다. 일반적으로 시멘트와 모래를 섞어서 물을 부어 비빈 시멘트 모르타르를 말하며, 이밖에 석회 모르타르, 아스팔트 모르타르 등이 있다.

5.2 수경성 시멘트 모르타르의 압축강도 시험목적

시멘트 모르타르의 압축강도는 시멘트의 강도를 알아보기 위한 시험과 그 방법은 같다. 다만, 시멘트 강도를 알아볼 때 배합모래는 표준사(KS L ISO 697 시멘트의 강도 시험방법-ISO 기준 모래)를 사용한다. 이는 모두 압축강도를 알아보기 위해 실시한다. 시멘트 강도는 모르타르나 콘크리트 배합설계 시 필요하며, 시멘트의 가장 중요한 성질 중 하나이다.

따라서 시멘트의 풍화 정도를 알아보기 위한 시험이며(강열감량으로도 알 수 있음.), 모르타르나 콘크리트 배합계획 시 알아야 하는 물리정수이다.

5.3 시험기구

(자세한 규격은 KS 참조)

- 저울: 2,000g (사진 2.1.4)
- 표준체: 297㎛(No.50), 595㎛(No.30)
- 메스실린더: 250mℓ, 500mℓ
- 시험체 성형용 틀: 모르타르 압축강도용 몰드(사진 2.1.5)
- 혼합기 혼합용기 및 패들: KS L ISO 679 규정에 따름.(사진 2.1.6)
- 플로테이블 및 틀: KS L 5111에 의거함.(사진 2.1.7)
- 탬퍼: 다짐봉(아크릴제) (사진 2.1.8)
- 흙손: 길이 100~150mm
- 스크래퍼: 고무제

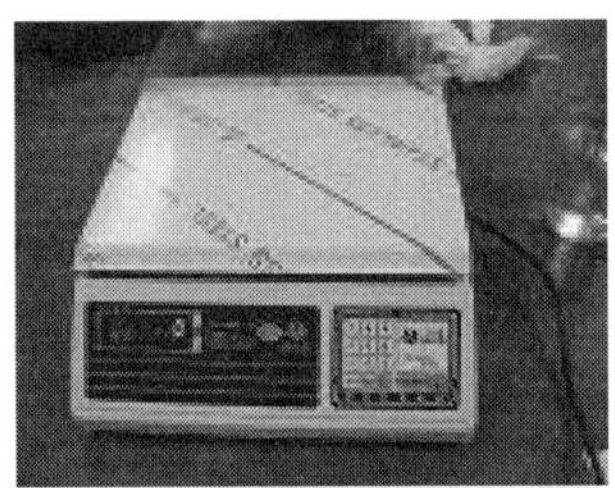

[사진 2.1.4] **저울**

[사진 2.1.5] **모르타르 압축 몰드**

[사진 2.1.6] **혼합기와 혼합용기 및 패들**

[사진 2.1.7] **플로 테이블과 틀 및 다짐봉**

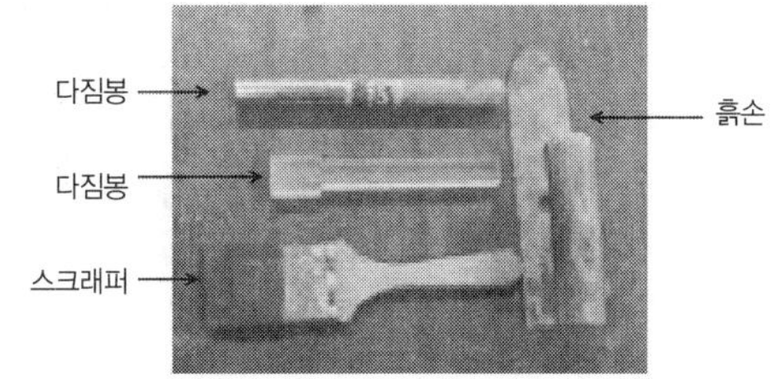

[사진 2.1.8] **다짐봉과 흙손**

5.4 소모성 자재

시멘트, 표준사(KS L ISO 679 참조)

※ 2009년 1월 1일부터는 주문진산 표준사가 고갈되어 ISO에서 기준 모래의 기본 성질을 정하였고, 이에 따라 ISO 기준 모래는 다음의 성질을 갖는다.

① 천연의 둥근 입자

② 이산화규소 함량이 98% 이상

③ 건조에 따른 질량 감소율 0.2% 미만

④ ISO 기준 모래의 입도 분포에 적당할 것

5.5 시험체 제작

주의사항

- 반죽판, 건조 재료, 틀, 밑판, 혼합용기 및 그 주변 온도는 20~27.5℃로 유지해야 한다.
- 혼합수, 습기함, 습기실 및 저장수조의 물온도는 23±2℃이며, 시험실 상대습도는 50% 이상이어야 한다. 습기실이나 습기함은 95% 이상이어야 한다.

1) 시험체 제작방법

① 시험체는 최소 3개 이상 제작하여야 한다.

② 시험체 틀(몰드)은 내면에 광유나 그리스 등을 도포하여 수밀성을 확보한다. 틀의 조립 후 내면의 과다한 광유나 그리스 등은 제거한다.

[사진 2.1.9] **몰드의 준비**

2) 모르타르의 혼합반죽

① **배합주도**: 플로(flow)값이 110±5mm가 될 정도로 한다.(배합수 결정 시 참조)

② 표준 모르타르의 건조재료 배합은 시멘트와 표준사의 배합비를 1 : 2.45(무게비)로 한다.

③ 시험체 6개용으로 시멘트 510g과 표준사 1,250g을, 시험체 9개용으로 시멘트 760g과 표준사 1,862g을 측정하여 사용한다.

④ 혼합수는 시멘트의 48.5%(무게비)로 하고 포틀랜드시멘트 외에는 혼합수 계량 시 mℓ로 한다.

⑤ **혼합반죽 방법**: 혼합기를 사용하여 반죽할 때는 KS L ISO 679에 규정된 방법으로 한다.

- 상기 혼합용으로 계량한 혼합수를 혼합용기에 넣는다.
- 혼합용기의 물속에 시멘트를 조심스럽게 넣는다.
- 저속으로 30초 동안 반죽하면서 모래를 집어 넣는다.
- 혼합기를 정지한 후 고속으로 변속한 후 30초 동안 반죽한다.
- 모르타르를 90초 동안 방치하며, 이 시간 중 처음 15초 동안 용기 측면에 부착된 모르타르를 스크래퍼로 모두 긁어준 후 용기의 중간으로 모은다.
- 고속으로 60초(1분)간 다시 반죽한다.

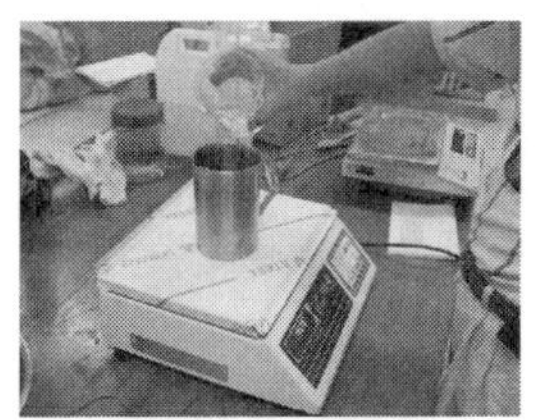
[사진 2.1.10] 물 계량

[사진 2.1.11] 시멘트 계량

[사진 2.1.12] 투입

[사진 2.1.13] 반죽

[사진 2.1.14] 90초 방치

[사진 2.1.15] 고속 60초

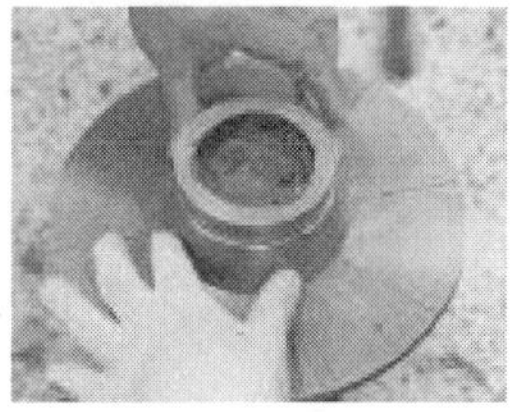
[사진 2.1.16] 1층 넣음

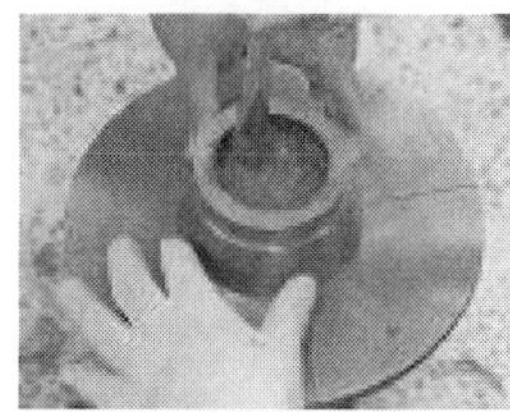
[사진 2.1.17] 1층 다짐

3) 플로 결정(KS L 5111 플로 측정기 규정 참조)

① 플로 테이블 윗면을 깨끗이 마른 상태로 닦고, 플로 틀을 중앙에 놓는다.

② 모르타르를 약 25mm로 틀 안에 넣고 탬퍼(다짐봉-압축몰드용 다짐봉과는 다름)로 20회(자중에 의한 정도의 힘) 다짐한다. 이때 틀 안에 고르게 찰 수 있도록 한다.

③ 나머지 공간을 모두 모르타르로 채우고, 처음 층과 같이 다짐한다.

④ 모르타르를 흙손으로 다져 평평하게 잘라낸다. 이때 틀의 윗면에 맞추어 흙손은 곧은 날로 틀의 윗면에 거의 직각이 되게 세운 후 톱질하듯이 여분의 모르타르를 제거한다.

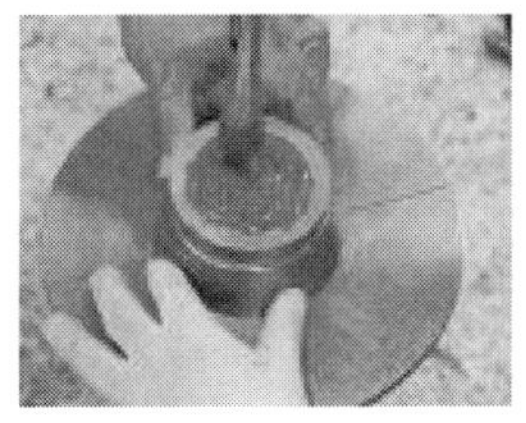
[사진 2.1.18] 2층 다짐

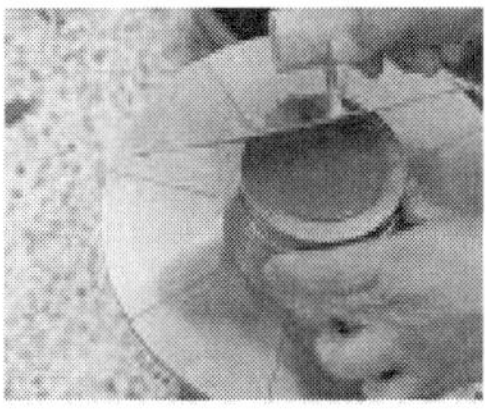
[사진 2.1.19] 흙손질

[사진 2.1.20] 틀 주위 청소

[사진 2.1.21] 틀 들어올리기

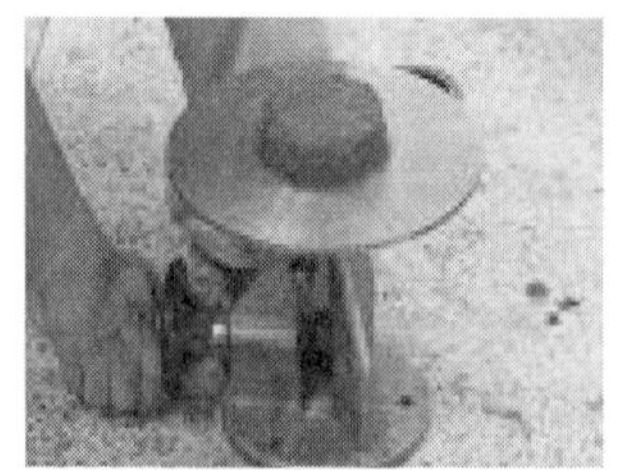

[사진 2.1.22] **플로테이블 낙하시키기**

⑤ 테이블 윗면을 마른 상태까지 깨끗하게 닦고, 플로 틀 주변의 물기도 제거한다.

⑥ 반죽을 끝낸 후 1분 뒤에 플로 틀을 상향으로 들어올린다.

⑦ 플로 틀을 제거한 즉시 테이블을 15초간 25회 12.7mm 높이로 낙하시킨다.

⑧ 플로 측정

플로 테이블 윗면의 모르타르가 퍼진 정도를 측정한다. 이때 측정은 등간격으로 4회 측정한다. 그 값이 110±5가 되는 혼합수 배합량을 찾는다.

[사진 2.1.23] **측정**

$$\text{흐름값} = \frac{\text{모르타르의 증가 지름 평균}}{\text{플로 틀의 밑면 내부 지름}} \times 100$$

⑨ 위의 값으로 배합수의 배합비율을 결정하여 소정의 흐름이 나올 때까지 상기 실험을 반복한다.

[사진 2.1.24] **플로 시험 후 재반죽**

4) 시험체 성형

① 플로 시험이 종료된 직후 모르타르를 플로 테이블로부터 혼합용기에 다시 집어넣는다.

② 혼합용기 벽에 붙은 모르타르를 빠르게 긁어낸 후 전 배치를 보통속도로 15초간 반죽한다.

③ 모르타르 배치의 처음 반죽이 끝난 뒤 2분 15초 내에 시험체 성형을 시작한다.

④ 두께 약 25mm의 모르타르 층을 모든 입방체 칸 안에 넣고 각 약 10초 동안에 4바퀴 32회 다짐한다.

⑤ 다짐방법은 그림 2.1.11과 같다. 한 바퀴마다 직각으로 방향을 바꾸고, 시험체 전면에 인접시켜 8회 다짐을 한다. 하나의 시험체에 총 4바퀴 32회를 다짐한 후에 다른 시험체의 다짐을 한다.

※ 다짐 시 다짐봉(13×25mm)이 약간씩 맞물리게 된다.

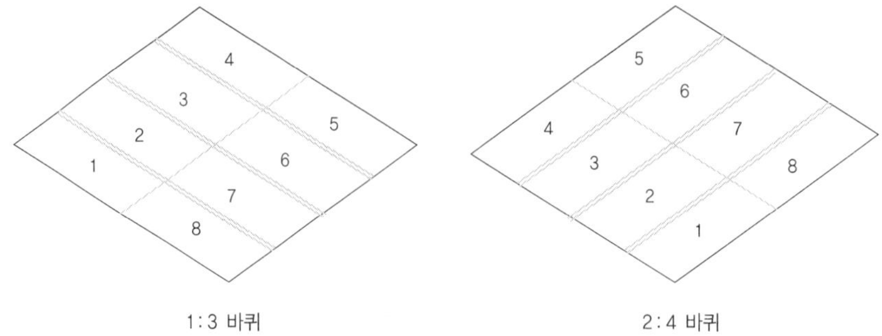

[그림 2.1.11] **시험체 성형을 위한 다짐순서**

[사진 2.1.25] **다짐순서에 의한 시험체 제작**

⑥ 위의 ⑤번에서 다짐이 다 끝나면 나머지 반의 공간을 모르타르로 모두 채운다.

⑦ 위의 ⑤번과 같이 다시 다짐을 한다. 이때 2층을 다짐하는 동안 한 바퀴마다 밀려나온 모르타르를 장갑 낀 손과 탬퍼(다짐봉)로 틀 위에 쌓아 올린다.

⑧ 다짐이 다 끝난 약간 봉긋한 시험체를 흙손으로 밀어 넣어 구석구석 모르타르가 충전되게 한다.

⑨ 흙손으로 톱질하듯이 시험체 틀의 윗면과 시험체의 윗면이 같게 여분의 모르타르를 잘라낸다.

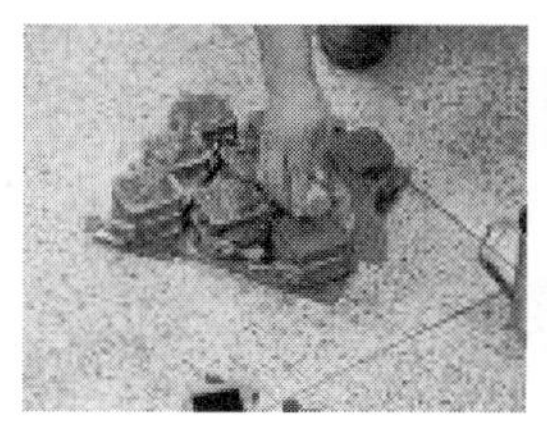

[사진 2.1.26] **표면 다듬기**

5) 시험체 저장(양생)

[사진 2.1.27] **시험체 양생**

① 성형이 끝난 직후 틀에 넣은 상태로 습기함이나 습기실에 20~24시간 보관한다. 이때 공시체 윗면이 습기에 노출되게 해야 하지만, 물방울이 떨어지게 해서는 안 된다.

② 24시간 시험하는 경우를 제외하고는 탈형 후 불침식성 재료로 만든 저장용 수조(양생수조)의 깨끗한 물 안에 담가 놓는다. 저장용 물은 자주 바꿔 넣어 깨끗이 해 놓아야 하며, 이때 수온은 23±2℃로 유지되어야 한다.

5.6 압축 시험방법

① 24시간 보관한 시험체에 대해서는 습기함에서 꺼낸 직후 시험한다. 이외에는 저장수(양생조)에서 꺼낸 직후에 시험한다. 각 재령에 따른 시험기간은 다음과 같다.

- 24시간 시험 : 1일± $\frac{1}{2}$시간
- 3일 시험 : 3일±1시간
- 7일 시험 : 7일±3시간
- 28일 시험 : 28일±12시간

다만, 시험체 개수를 1개보다 많이 꺼냈을 경우 수분의 건조를 막기 위해 24시간 시험체는 젖은 헝겊으로 덮고, 그 외 시험체는 양생조와 같은 환경의 수중에 담가 놓아야 한다.

[사진 2.1.28] **압축강도 시험**

② 압축 시험을 하는 시험체는 표면의 물기를 마른 헝겊으로 깨끗이 닦아준다. 또한 압축 시험 시 시험기의 지지블록(bearing block)에 접촉할 면에 모래알이나 기타 다른 부착물을 제거한다.

③ 만약 눈에 띌 만큼 굽어 있으면, 그 면을 평평하게 만들거나 해당 시험체를 버린다.

④ 하중은 지지블록의 정확한 평면과 접촉하고 있는 시험체 면에 대해 부하한다.

⑤ 부하할 시험체는 압축 시험기의 중앙에 오도록 하여 부하한다.

⑥ 예측 최대하중이 1,350kg 이상인 시험체에 대해서는 그 예측하는 초기 부하의 1/2까지는 임의의 속도로 하여도 좋다. 그러나 예측 최대하중이 1,350kg 이하인 시험체에 대해서는 초기 부하를 가해서는 안 된다.

⑦ 하중 부하의 속도는 위의 ⑥의 경우 나머지 하중(예측 최대하중이 1,350kg 이하인 경우는 전 하중)을 끊임없이 가하여 파괴시킨다.

⑧ 하중속도는 최대하중이 20초 이상 80초 이내에 가해지도록 한다.

5.7 결과 계산

다음 식에 의해 압축강도를 산정한다.

$$\text{압축강도} = \frac{\text{파괴 시의 총하중}}{\text{시험체의 단면적}} (\mathrm{N/mm^2})$$

※ 시험체 시험결과 10% 이상인 시험체의 결과는 버린다.

6 수경성 시멘트의 표준질기 시험방법(KS L 5102 : 2021)

시멘트의 응결시간을 시험하기 위해서는 먼저 시멘트의 표준질기를 파악해야 한다. 본 절에서는 응결시간 시험에 대한 내용을 알아본 후 시멘트의 표준질기 시험방법에 대해 설명하기로 한다.

6.1 응결시간 시험에서 알아야 할 사항

① **응결(凝結, setting)** : 시멘트와 물을 비빈 흙탕 모양의 혼합체가 수화(水和)작용을 일으켜 점점 유동성을 잃고 고형(固形)으로 되는 것을 말한다.

② **응결시간(凝結時間, setting time)** : 시멘트나 석고 등의 응결에 소요되는 시간을 말하고, 시작과 종결(終結)시간으로 나타낸다.

③ **헛응결(-凝結, false set)** : 시멘트에 물을 부어 비빈 몇 분 후에 빠르게 유동성(流動性) 없이 굳어져 광택이 없고 마치 굳은 것처럼 보이는 현상을 뜻하고, 이를 다시 비비면 정상적인 상태로 되지만 모르타르, 콘크리트로서는 좋지 않은 현상이다. 사용하려는 시멘트의 헛응결성(凝結性)에 대한 시험방법은 철근콘크리트공사 표준시방서에 규정되어 있다.

④ **경화(硬化, hardening)** : 액체가 수화(水和), 산화, 중합(重合) 등의 화학변화 또는 건조 등의 물리적 변화로 인해 유동성을 잃고 강성(剛性), 강도 등이 증대하는 과정을 말한다. 시멘트의 경우는 수화작용으로 경화하고, 합성수지 접착제는 주로 축합 또는 중합에 의해 경화된다.

⑤ **가사시간(可使時間)** : 자경성 주형, 유동 주형 등에서 경화제 및 기타 첨가물을 조정한 후 경화하기까지의 시간을 뜻하고, 이 시간 내에 조형을 종료할 필요가 있다.

⑥ **표준질기** : 시멘트페이스트의 반죽질기와 관련 있는 용어로 규정된 반죽질기를 뜻하는 말이고, 시멘트 응결시간 시험 장치인 비카침 시험 장치에 시멘트페이스트 반죽을 넣은 후 고정된 시험침을 풀고 30초 후에 몰드의 윗면에서부터 10±1mm까지 시험침이 내려갈 정도의 반죽질기를 시멘트페이스트

의 표준질기로 한다고 규정되어 있다.

6.2 응결시간 시험목적

시멘트의 응결시간은 작업의 편리성과 능률에 관련된 사항으로 일정시간 이상의 가사시간을 확보해야 한다. 또한 일정시간 이내에 굳어야 후속작업에 나쁜 영향을 미치지 않는다. 따라서 시멘트의 종류나 주변환경 인자(온도, 습도, 시멘트의 종류) 등에 따라 시험한 결과로 시공에 적용된다고 볼 수 있다. 이때 상호 비교할 수 있는 객관적 자료를 얻기 위해 표준질기를 미리 맞추어 놓고 응결시험을 한다.

6.3 시험기구

- 비카 장치
- 저울 : 0.1g 단위까지 측정 가능
- 혼합기(KS L 5109)
- 메스실린더 : 측정된 부피의 1% 단위까지 측정할 수 있는 것
- 습기함 또는 습기실
- 기타 : 시계, 시멘트 칼, 유리, 온도계, 비커, 흙손, 스크래퍼, 휴지(흡유지) 등

※ 단, 비카의 규격 : 플런저 질량 : 300±0.5g, 플런저의 굵은 끝의 지름 : 10±0.05mm 침의 지름 : 1±0.05mm, 링 아랫부분의 안지름 ϕ : 70±3mm
링 윗부분의 안지름 ϕ : 60±3mm, 링의 높이 : 40±1mm

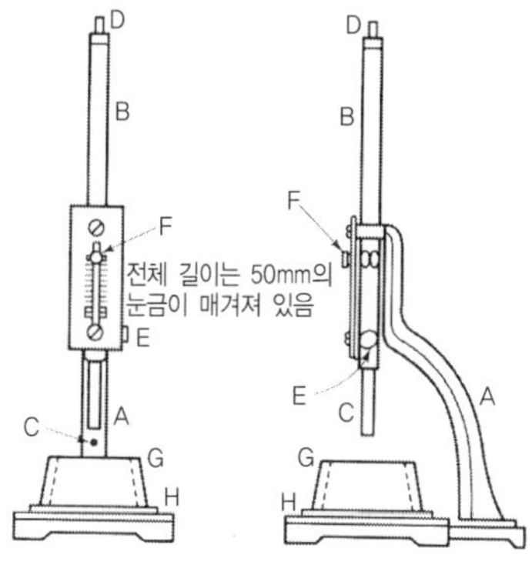

[그림 2.1.12] **비카 장치**

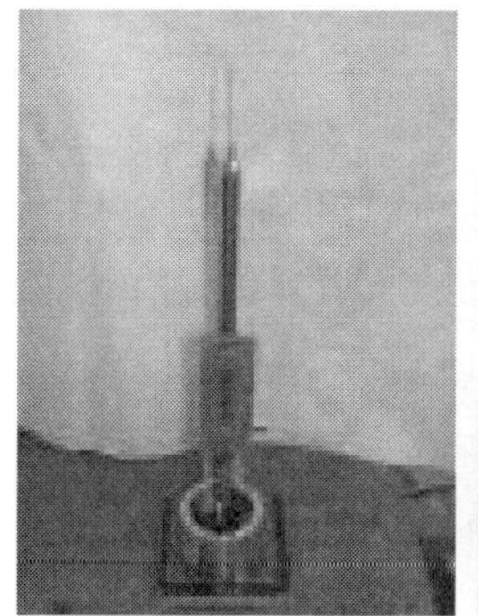

[사진 2.1.29] **비카 장치**

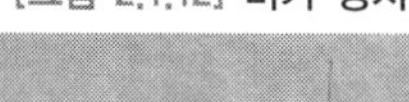

[사진 2.1.30] **각종 기구**

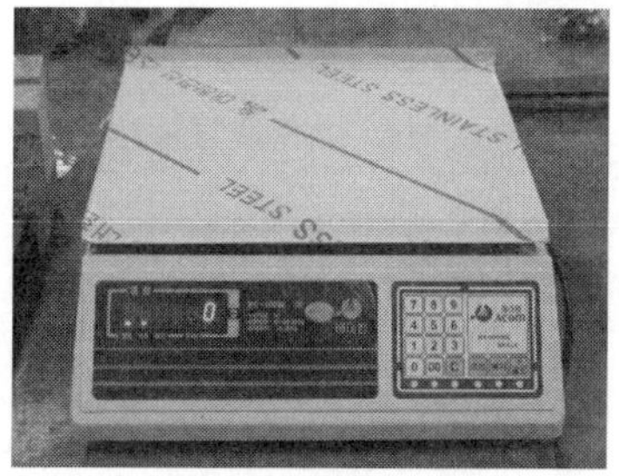

[사진 2.1.31] **전자저울**

※ 조　건: 혼합수 23±2.0℃, 습도 50% 이상,
　　　　　실험기구 온도 20~27.5℃
　눈금자: 눈금자는 모든 점에서 0.1mm 이내의 정밀도를 가진 표준자와 비교하였을 때, 어느 점도 0.25mm보다 큰 편자를 나타내서는 안 된다.

6.4 시험방법

650g의 시료를 준비하기 위하여 다음의 순서에 따라 비빔한다.

① 시멘트를 저울에 달아 놓는다.

- 저울 사용 방법으로 먼저 저울의 수평을 맞춘 다음 저울의 영점조정을 한다.(사진 2.1.31)
- 저울에 비커를 올려놓는다.(사진 2.1.32)
- 저울의 용기무게를 제거하기 위해 용기스위치를 누른다.(사진 2.1.33)
- 다음 시멘트를 부어 소정의 무게를 맞춘다.(사진 2.1.35, 2.1.36)
- 시멘트의 양은 시료 650g을 측정한다.

[사진 2.1.32] **용기 올림**

[사진 2.1.33] **용기스위치 누름**

[사진 2.1.34] **용기무게 제한상태**

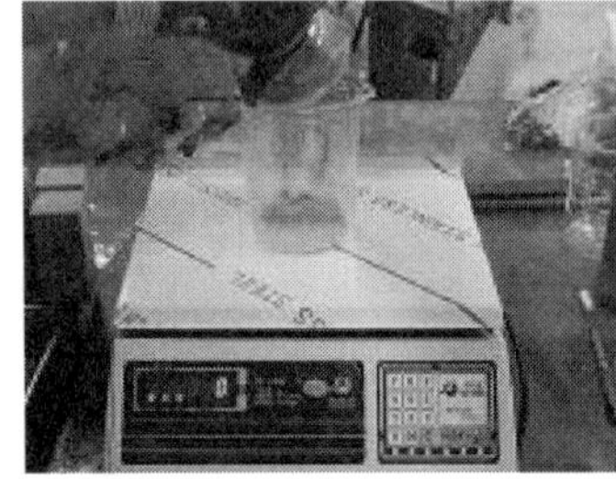

[사진 2.1.35] **시멘트 붓기**

[사진 2.1.36] **소정의 무게 담기**

② 혼합수를 측정한다.

- 표준반죽질기(normal consistency)를 얻기 위해서는 보통포틀랜드시멘트의 경우 W/C=0.25~0.28의 범위를 가지며, 혼합시멘트의 경우에는 W/C=0.28~0.30 정도의 범위에서 구해진다.(W : 물의 양, C : 시멘트 양)

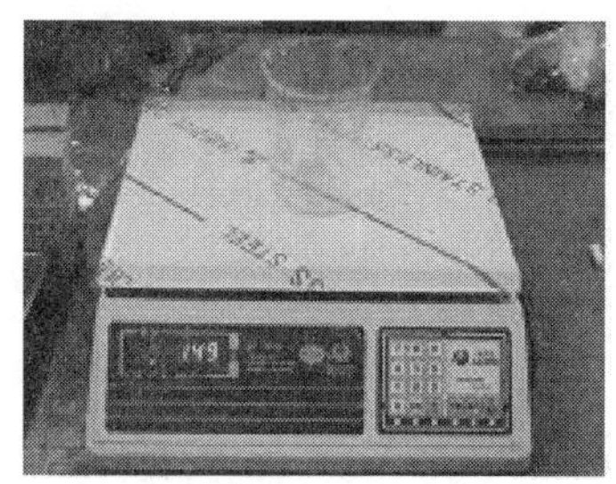

[사진 2.1.37] **비커 올려 놓기**

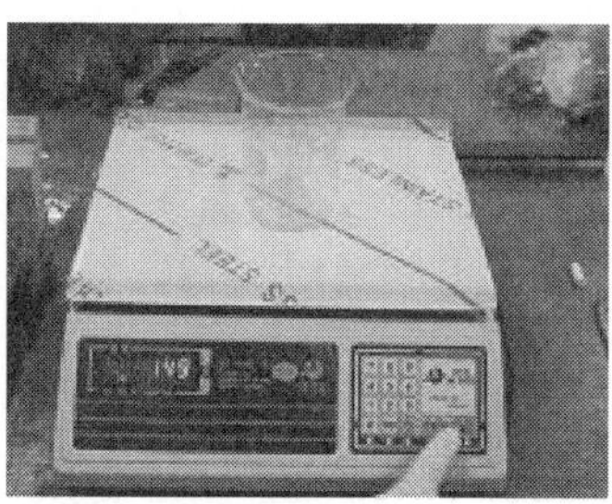

[사진 2.1.38] **용기무게 제함**

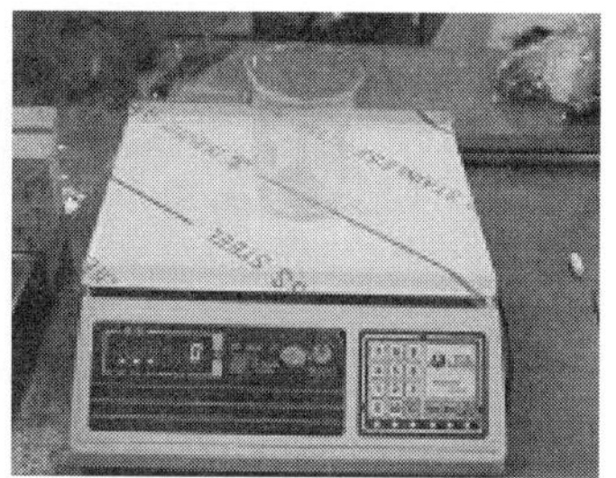

[사진 2.1.39] **영점맞춘 상태**

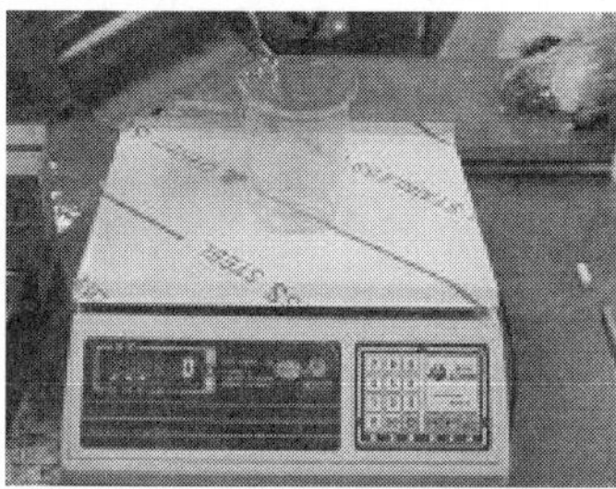

[사진 2.1.40] **물 붓기**

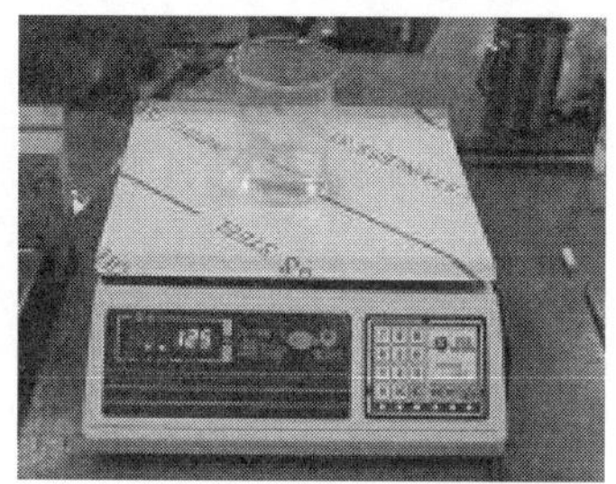

[사진 2.1.41] **물 계량**

- 저울에 비커를 올려놓는다.(사진 2.1.37)
- 저울의 용기 무게를 제거하기 위해 용기스위치를 누른다.(사진 2.1.38, 2.1.39)
- 물을 붓고 소요의 양을 계량한다.(사진 2.1.40, 2.1.41)

③ 다음에는 혼합한다.

- 혼합용기 안에 물을 붓는다.(사진 2.1.42)
- 혼합용기에 시멘트를 붓고 물을 흡수하도록 30초 동안 둔다.(사진 2.1.43, 2.1.44)
- 혼합기를 시동하여 제1속(저속)으로 30초간 비빈다.(사진 2.1.45)
- 이후 혼합기를 정지한 후 15초 동안 스크래퍼로 반죽을 긁어 모아놓는다.(사진 2.1.46)
- 다시 혼합기를 제2속(중속)으로 60초 동안 혼합한 후(사진 2.1.47, 2.1.48) 고무장갑을 낀 손으로 반죽을 속히 구형으로 만든다.
- 두 손을 150mm 간격으로 벌려 한 손에서 다른 손으로 6회 던진다.(사진 2.1.50)

[사진 2.1.42] 물 붓기

[사진 2.1.43] 시멘트 넣기

[사진 2.1.44] 30초간 방치

[사진 2.1.45] 30초간 비빔

[사진 2.1.46] 반죽모으기

[사진 2.1.47] 1분간 재비빔

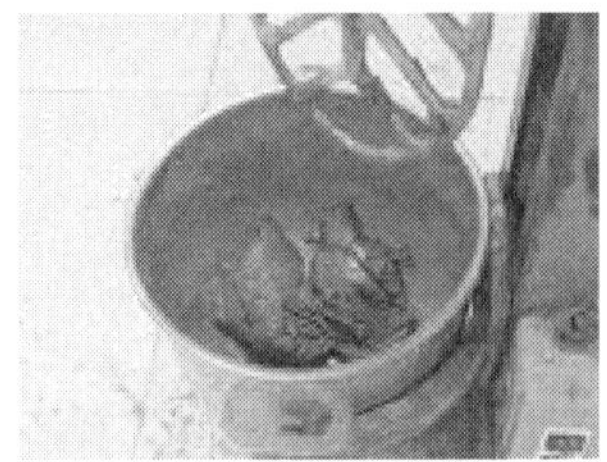
[사진 2.1.48] 비빔 끝난 상태

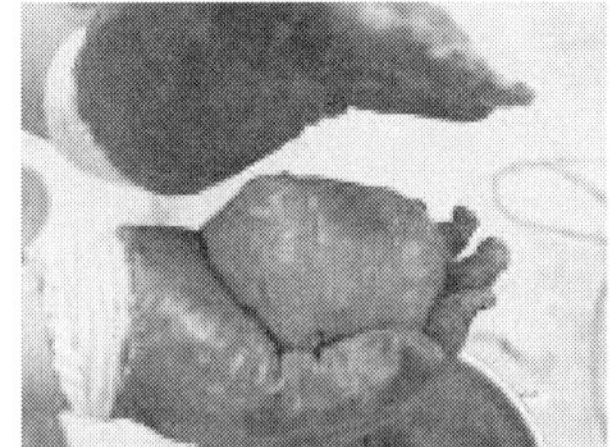
[사진 2.1.49] 구형 제조

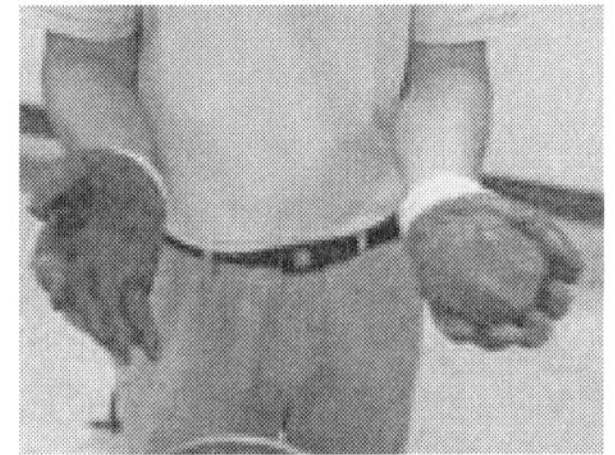
[사진 2.1.50] 6번 던지기

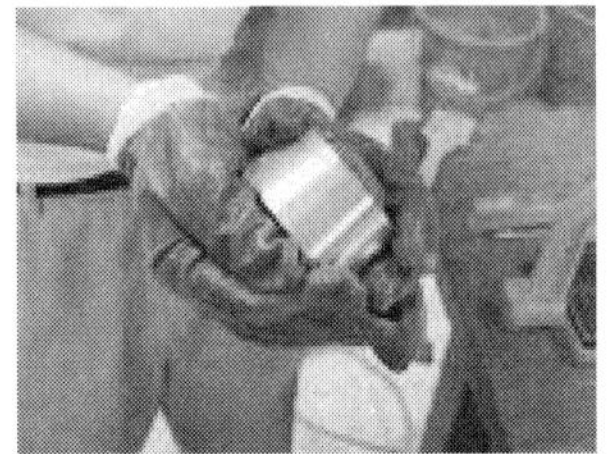
[사진 2.1.51] 밀어넣기

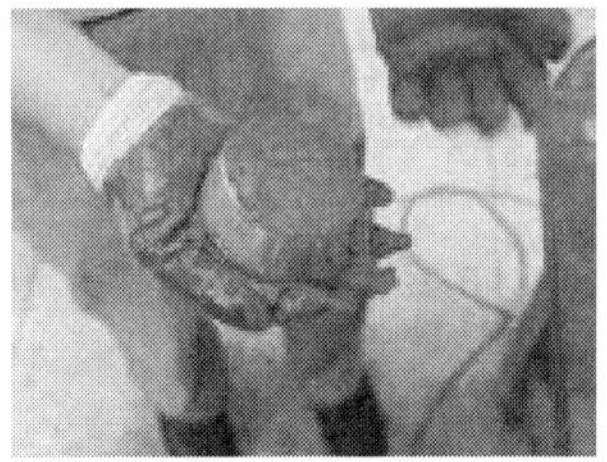
[사진 2.1.52] 다듬기

- 한쪽 손바닥 위에 올려놓은 구를 다른 손에 쥔 원뿔형 링의 큰 쪽으로 밀어 넣고 링을 반죽으로 완전히 채운다.(사진 2.1.51, 2.1.52)
- 이때 링 지름의 큰 쪽에 남은 것은 손으로 한 번에 떼어내고, 큰 쪽을 유리판에 올려놓는다.
- 링의 지름이 작은 쪽에 남은 반죽도 흙손으로 한 번에 경사지게 문질러 링의 윗부분을 잘라낸다. 필요시 윗면을 흙손으로 매끄럽게 한다. 단, 반죽을 압축해서는 안 된다.

④ 표준질기를 결정한다.
- 비카 장치 세팅은 플런저($\phi 10 \pm 0.05$mm)가 아래쪽으로 오도록 장치한다.
- 유리판 위에 올려놓은 반죽은 비카 장치의 로드 밑에 중심을 맞춘다.
- 플런저 끝을 반죽의 표면에 접촉시켜 멈춤나사를 죈 후 가동눈금을 상단의 0에 맞추거나 처음 위치의 눈금을 기록하고 혼합이 끝난 30초 뒤에 멈춤나사를 풀어 놓는다.
- 로드를 풀어놓은 30초 뒤에 처음 면에서 10 ± 1mm의 점까지 내려갔을 때 반죽상태를 표준질기로 한다.

6.5 결과 계산

표준질기를 얻는 데 필요한 물의 양을 건조시멘트 무게의 백분율로 0.1%까지 계산하고, 건조시멘트 무게의 0.5%까지 보고한다.

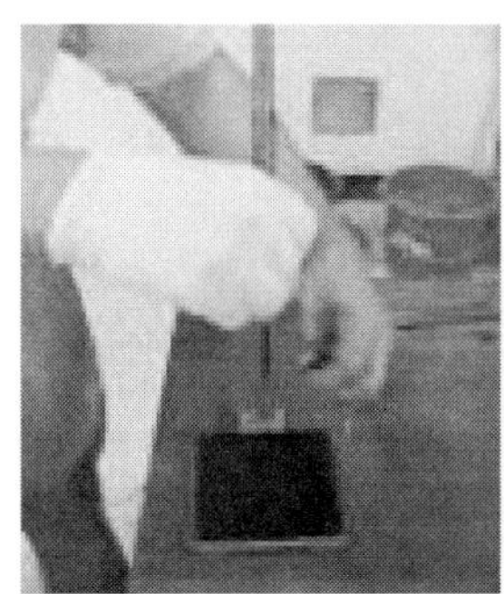
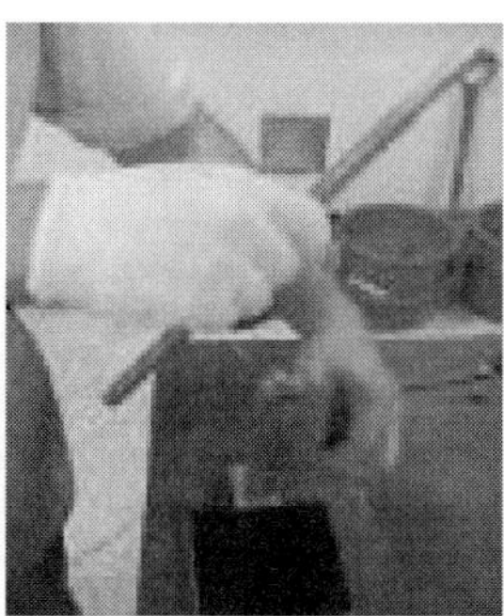
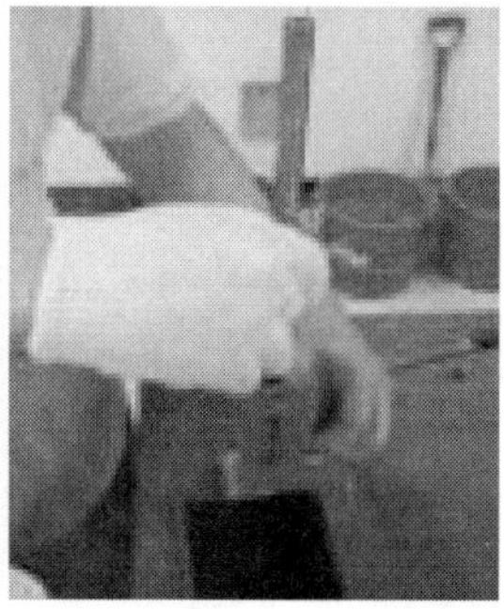

[사진 2.1.53] 플런저의 굵은 지름쪽을 아래로 향하게 함

[사진 2.1.54] 플런저 맞추고 눈금 조정하기

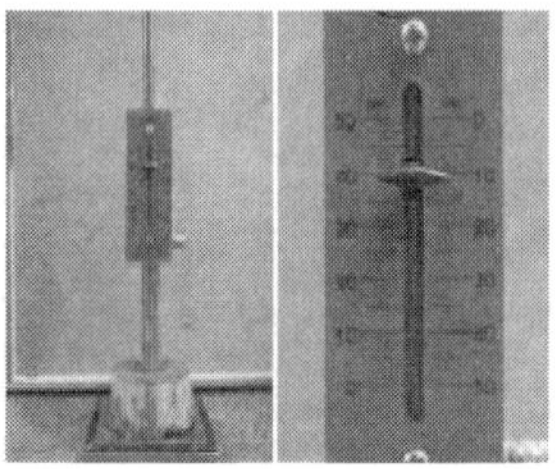

[사진 2.1.55] 표준질기 측정

7 시멘트의 응결 및 안정성 시험방법(KS L ISO 9597 : 2019)

7.1 시험기구

KS L 5102(수경성 시멘트의 표준질기 시험방법)에 따른다. 4.3 비카시험기구와 같다.

7.2 시험조건

실험실의 온도는 20±2℃로 유지되어야 한다. 상대습도는 50% 이상이어야 한다. 적절한 크기의 실험실 또는 습기함을 사용한다. 이때 이 공간의 온도는 20+1℃를 유지하고 상대 습도는 90% 이상이어야 한다.

※ 따뜻한 지역에서는 실험실 온도가 25±2℃ 또는 27±2℃일 수 있으며, 이 경우 시험결과에 그 온도를 명기하여야 한다.

7.3 시험방법

1) 시험체 성형

※ 틀의 규격 : 플런저 무게 : 300±1(g), 침의 지름 : 1.13±0.05mm,
링 아랫부분의 안지름 ϕ : 80±5mm, 링 윗부분의 안지름 ϕ : 70±5mm,
링 높이 : 40±0.2mm

① 시멘트를 500g을 1g 단위까지 저울에 달아 놓는다.

- 저울 사용 방법으로 먼저 저울의 수평을 맞춘 다음 저울의 영점조정을 한다.
- 저울에 비커를 올려놓는다.(사진 2.1.56)

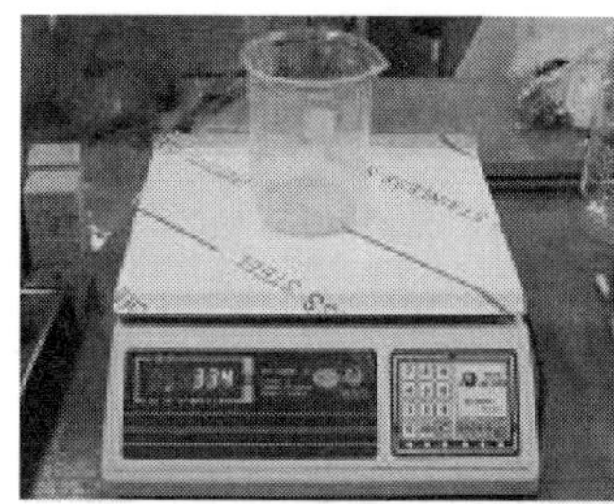

[사진 2.1.56] **용기 올려놓음**

[사진 2.1.57] **용기스위치 누름**

[사진 2.1.58] **용기무게 제한 상태**

– 저울의 용기 무게를 제거하기 위해 용기스위치를 누른다.(사진 2.1.57, 2.1.58)
– 다음 시멘트를 부어 500g을 맞춘다.(사진 2.1.59, 2.1.60)

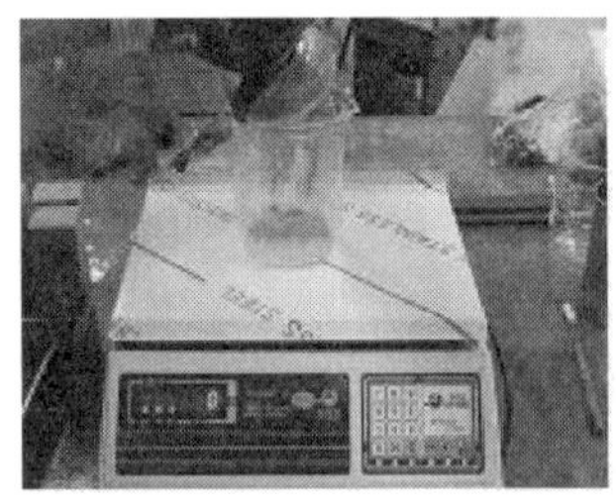
[사진 2.1.59] **시멘트 붓기**

[사진 2.1.60] **500g을 담음**

[사진 2.1.61] **비커 놓음**

[사진 2.1.62] **용기무게 제함**

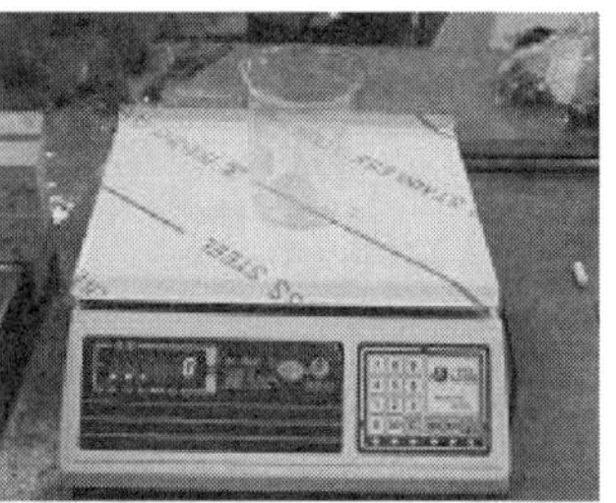
[사진 2.1.63] **영점맞춘 상태**

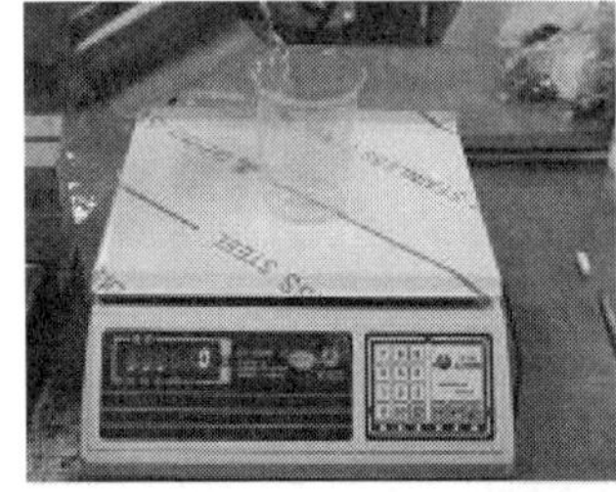
[사진 2.1.64] **물 붓기**

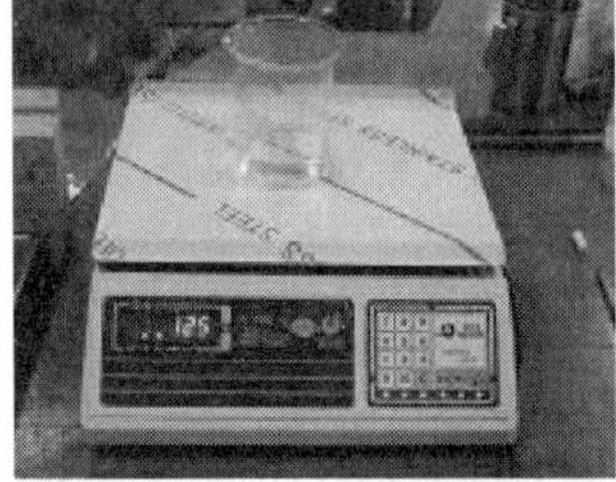
[사진 2.1.65] **물 계량**

② 표준질기 시험에서 구해진 혼합수를 측정용기에 넣는다.
– 물은(예를 들면 125g) 혼합 용기에 넣어 측정하거나 눈금이 있는 실린더나 비커 등으로 측정하여 혼합용기에 넣는다. 측정은 다음과 같은 방법에 의해 실시한다.
: 저울에 비커를 올려놓는다.(사진 2.1.61)

: 저울의 용기무게를 제거하기 위해 용기스위치를 누른다.(사진 2.1.62, 2.1.63)

: 물을 붓고 소요의 양을 계량한다.

③ 다음 방법으로 혼합한다.

- 혼합용기 안에 물을 붓는다.(사진 2.1.66)
- 혼합용기에 시멘트를 붓고(시멘트를 첨가하는 시간은 5초 이상 10초 이내) 시멘트 붓기가 끝난 시간을 시작시점으로 즉시 혼합기를 저속으로 90초 동안 작동시킨다.(사진 2.1.67, 2.1.68)
- 이후 혼합기를 30초 동안 정지한 후 스크래퍼로 반죽을 긁어 모아놓는다.(사진 2.1.69)
- 다시 저속으로 90초간 혼합(혼합기의 전체 작동 시간은 3분)한 후(사진 2.1.70, 2.1.71) 고무장갑을 낀 손으로 반죽을 속히 구형으로 만든다.

[사진 2.1.66] **물 붓기**

[사진 2.1.67] **시멘트 넣음**

[사진 2.1.68] **90초간 비빔**

[사진 2.1.69] **반죽모으기**

[사진 2.1.70] **90초간 재비빔**

[사진 2.1.71] **비빔이 끝난 상태**

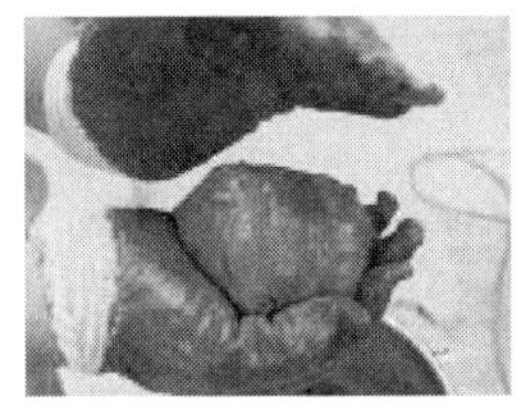
[사진 2.1.72] **구형 제조**

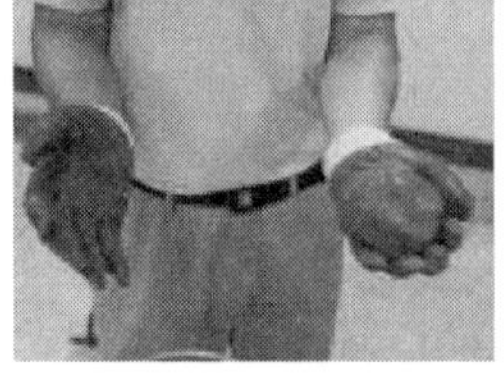
[사진 2.1.73] **6번 던지기**

[사진 2.1.74] **밀어넣기**

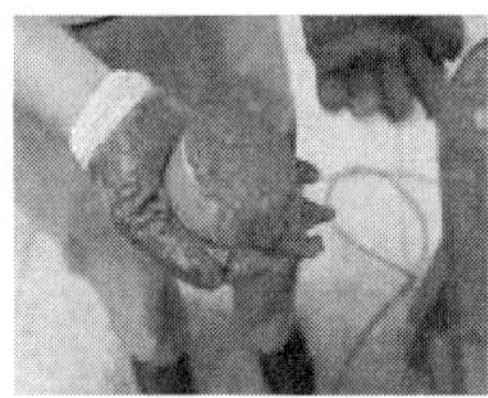
[사진 2.1.75] **다듬기**

- 두 손을 15cm 간격으로 벌려 한 손에서 다른 손으로 6회 던진다.(사진 2.1.73)
- 한쪽 손바닥 위에 올려놓은 구를 다른 손에 쥔 원뿔형 링의 큰 쪽으로 밀어 넣는다.(사진 2.1.74, 2.1.75)
- 이때 링의 큰쪽에 남은 것은 손으로 한 번에 떼어낸다. 큰 쪽을 유리판에 올려놓는다.
- 링의 작은 쪽에 남은 반죽도 흙손으로 한 번에 경사지게 문질러 링의 윗부분을 잘라낸다. 필요시 윗면을 흙손으로 매끄럽게 한다. 단, 반죽을 압축해서는 안 된다.
- 성형이 끝나면 습기함이나 습기실에 시험체를 넣어두고, 응결측정 시간에만 꺼내 측정한다. 시험하는 동안 원추형 몰드 안에 있어야 하며, 유리판 위에 놓여 있어야 한다.

2) 표준주도의 결정

① 표준주도용 반죽을 링에 넣은 후 비카장치 로드의 밑에 중심을 맞추고 플런저의 끝을 반죽의 표면에 접촉시켜 멈춤나사를 죈 후 1~2초간 그 상태를 유지한다.

② 다음 활동부를 작동시켜 플런저가 페이스트를 수직으로 침입하게 한다. 이때 플런저의 작동은 시험 시작부터 4분 후에 실시한다.

③ 측정값은 플런저가 침입하는 것이 멈추거나 플런저가 작동 후 30초 후의 값 중 빠른쪽의 값을 취한다. 측정기의 측정값을 기록한다. 이 측정값은 플런저의 바닥면과 바닥판의 거리를 가리키고, 시멘트의 질량에 대한 페이스트에 함유된 물의 함량(%)을 가리킨다. 물의 함량을 달리한 페이스트에 대하

여 반복하여 테스트한다.

④ 이때의 값이 플런저와 바닥판의 거리가 6±1mm가 될 때까지 실험한다. 본 실험은 이때 플라스터의 물함유량을 0.5%까지 기록하며 표준주도의 물함량으로 결정한다.

3) 응결시간 측정

① 초결의 측정

- 초결 및 종결을 측정하기 위해 플런지를 제거하고 침을 사용힌다. 이 침은 강철제이고 실제 사용 길이가 50±1mm, 지름은 1.13±0.05mm이어야 한다.
- 시험을 위하여 부착시킨 침으로 비카트 장치의 눈금을 교정한 후 바늘을 아래로 향하게 하여 바닥판에 놓아 사용할 수 있도록 준비한다.
- 페이스트를 채운 틀과 바닥판을 실험실 또는 습기함으로 옮긴 후, 일정시간 후 비카트 시험장치로 옮기며 이때 시험체를 바늘 밑에 놓는다.
- 침을 페이스트에 닿을 때까지 서서히 내린 후 1~2초간 이 위치에서 멈춘다.
- 그 다음 활동부를 빨리 작동시켜 침이 페이스트를 수직으로 침입하게 한다.
- 침입하는 것이 멈추었거나 바늘을 작동시키고 30초 후의 값 중 어느쪽이든 빠른 쪽의 눈금을 읽는다.
- 페이스트의 가장자리나 서로 간의 거리가 10mm 이상인 곳에서 10분 간격으로 동일한 시료에 대한 침입시험을 반복한다.
- 침과 바닥판의 거리가 (4±1)mm가 될 때를 시멘트의 초결시간으로 삼고 5분 단위로 측정한다.

② 종결의 측정

- 초결 측정에서 사용한 채운틀(초결 시험에 사용한 시멘트 페이스트면)을 바닥판에 뒤집어 놓고 바닥판과 접촉하는 시료면에서 종결 시험을 한다.(침입도를 쉽고 정확하게 관찰하기 위하여 링을 부착한 침을 사용한다.)
- 초결의 측정방법에 따라 시험을 하지만 시간 간격을 30분 정도의 간격으로 증가시켜도 좋다.
- 이때 침이 시료를 단지 0.5mm 이내로 관통하였을 때를 종결시간으로 한다.

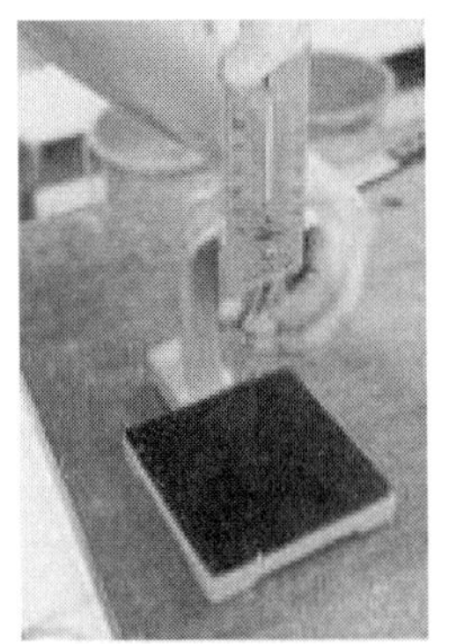

[사진 2.1.76] 플런저 갈아 끼우기(1mm 침이 아래로 향하게 함)

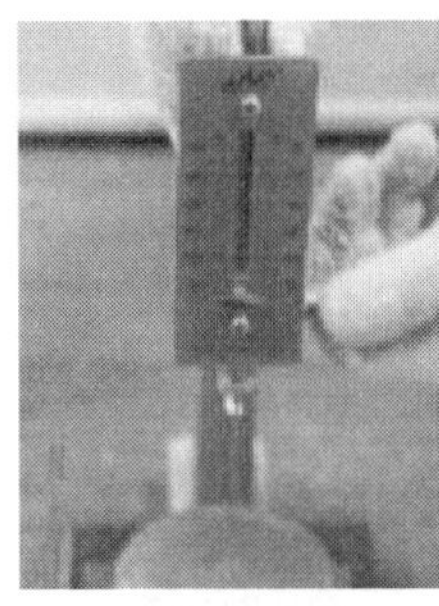
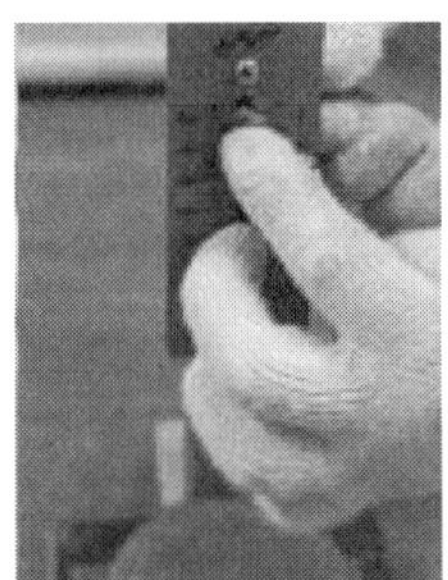
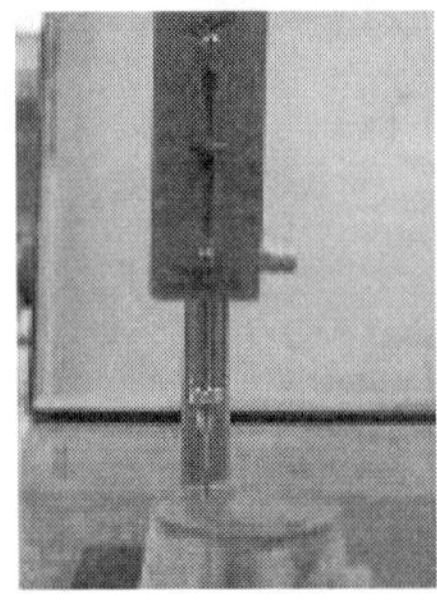

[사진 2.1.77] 침입도 시험 및 초결과 종결

※ 침입도 시험은 이미 시험한 곳의 어떤 곳에서나 6mm 이내로 접근시키지 말 것.

※ 침입도 시험은 몰드 내면에서는 9mm 이내로 접근시키지 말 것.

8 길모어침에 의한 시멘트의 응결시간 시험방법 (KS L 5103 : 2021)

8.1 시험기구

- 저울 : 1,000g
- 메스실린더 : 용량 150~200mℓ(무게로 실 부피가 맞는지 확인할 것)
- 길모어침 세트(그림 2.1.13 및 사진 2.1.78)

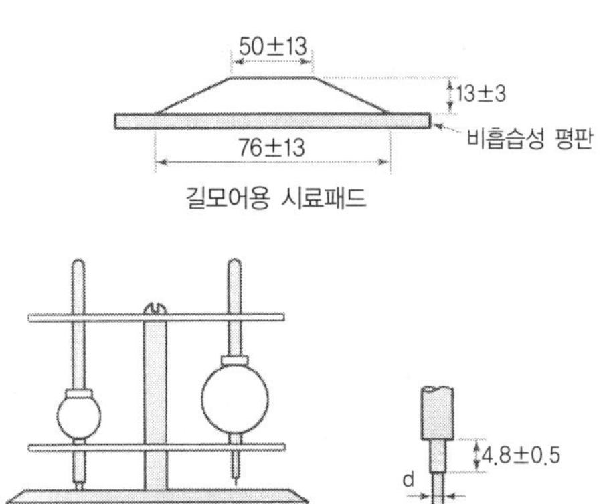

[그림 2.1.14] **길모어 장치의 개략도**

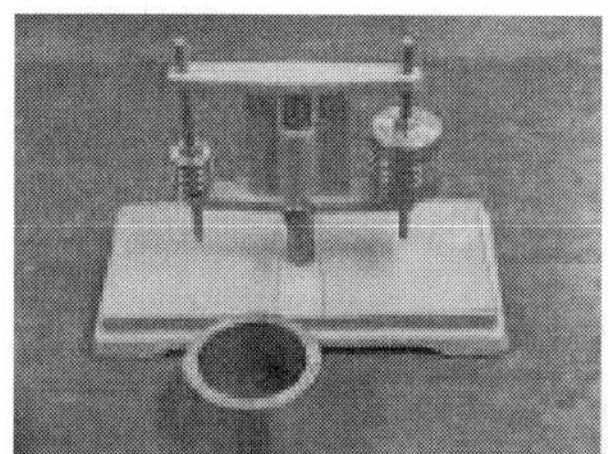

[사진 2.1.78] **길모어 장치**

※ 단, 초결침 : 질량 113.4±0.5g
지름 2.12±0.05mm
종결침 : 질량 453.6±0.5g
지름 1.06±0.05mm

침 끝의 약 4.8mm 길이는 원기둥형으로 되어 있고 그 단면은 평면이며 침축에 대해 직각으로 깨끗한 상태여야 한다.

8.2 시험조건

시험실의 온도는 20±2℃, 상대 습도는 50% 이상이어야 하며 시험편을 만들기 위해 사용하는 시멘트, 물 및 장치는 동일한 조건을 유지하여야 한다. 습기함 또는 습기실의 온도는 20±1℃, 상대 습도는 90% 이상이어야 한다.

8.3 시험방법

① 시료 반죽 : 표준질기 시험 및 시멘트의 응결 및 안정성 시험방법과 동일하다.

② 시험체 성형

- 제조한 시멘트 반죽으로 약 100×100mm 크기의 깨끗한 정사각형 유리판 위에 밑면 지름이 약 75mm, 윗면 지름은 약 50mm, 중앙 두께가 약 13mm인 원뿔대 형태의 얇은 패드를 만든다.(길모어용 시료패드 그림 참조)
- 이 시료들은 습기함이나 습기실에 넣고 응결시간을 측정하는 시간 이외에는 꺼내지 않는다.

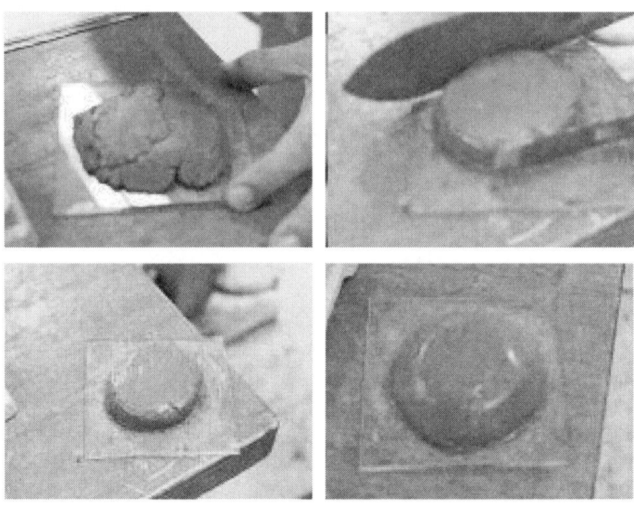

[사진 2.1.79] **시험체 성형**

③ 응결시간 결정

- 침을 시료의 위 표면에 수직으로 가볍게 댄다.
- 알아볼 만한 흔적을 내지 않고 패드가 길모어의 초결침을 받치고 있을 때 시간을 초결로 하고, 길모어 종결침을 받치고 있을 때를 시멘트의 종결로 한다.

[사진 2.1.80] **초결 시험**

[사진 2.1.81] **종결 시험**

CHAPTER

2 골재(aggregate)

1 콘크리트용 골재(KS F 2527 : 2020) 관련 시방서

1.1 일반사항

1) 적용범위

이 표준은 콘크리트용 천연, 부순, 고로슬래그, 전기로 산화 슬래그, 동 슬래그, 연 슬래그, 페로니컬슬래그, 순환, 경량 혼합 골재의 굵은 골재 및 잔골재에 대하여 규정한다.

2) 참조규격

KS A5101-1 시험용 체 - 제1부 : 금속망 체

KS E ISO 5416 직접 환원 철-금속철 정량-브로민-메탄올 적정법

KS F 2403 콘크리트의 강도 시험용 공시체 제작방법

KS F 2405 콘크리트의 압축강도 시험방법

KS F 2424 모르타르 및 콘크리트의 길이 변화 시험방법

KS F 2456 급속 동결 융해에 대한 콘크리트의 저항 시험방법

KS F 2462 구조용 경량 콘크리트의 단위 질량 시험방법

KS F 2468 경량 콘크리트 골재의 철 오염물 시험방법

KS F 2501 골재의 시료 채취방법

KS F 2502 골재의 체가름 시험방법

KS F 2503 굵은 골재의 밀도 및 흡수율 시험방법

KS F 2504 잔골재의 밀도 및 흡수율 시험방법

KS F 2505 골재의 단위용적질량 및 실적률 시험방법

KS F 2507 골재의 안정성 시험방법

KS F 2508 로스앤젤레스 시험기에 의한 굵은 골재의 마모 시험방법

KS F 2510 콘크리트용 모래에 포함되어 있는 유기 불순물 시험방법

KS F 2511 골재에 포함된 잔 입자(0.08mm 체를 통과하는) 시험방법

KS F 2512 골재 중에 함유되어 있는 점토 덩어리 양의 시험방법

KS F 2513 골재에 포함된 경량편 시험방법

KS F 2515 골재 중의 염화물 함유량 시험방법

KS F 2516 굵기 경도에 의한 굵은 골재의 연석량 시험방법

KS F 2523 골재에 관한 용어의 정의

KS F 2545 골재의 알칼리 잠재 반응 시험방법(화학적 방법)

KS F 2546 골재의 알칼리 잠재 반응 시험방법(모르타르봉 방법)

KS F 2576 순환 골재의 이물질 함유량 시험방법

KS F 2825 골재의 알칼리·실리카 반응성 신속 시험방법(콘크리트 생산 공정 관리용)

KS F 4009 레디믹스트 콘크리트

KS L 5107 시멘트의 오토클레이브 팽창도 시험방법

KS L 5120 포틀랜드시멘트의 화학 분석방법

KS L 5405 플라이 애시

KS M 0001 화학 분석 및 시험방법에 대한 통칙

KS M 0012 흡광 광도 분석 통칙

KS M 0016 원자 흡수 분광 광도 분석방법 통칙

KS M 0017 X선 형관 분광 광도 분석방법 통칙

KS M 0028 방출 분광 분석방법 통칙

KS M 8001 시약 통칙

KS M 8003 고순도 시약 시험방법 통칙

KS M ISO 6353-1 확학 분석용 시약 - 제1부 : 일반 시험방법

KS M ISO 6353-2 화학 분석용 시약 - 제2부 : 표준 - 제1집

KS Q ISO 2859-1 계수형 샘플링 검사 절차 - 제1부 : 로트별 합격품질한계 (AQL) 지표형 샘플링 검사 방식

KS Q ISO 2859-1 계수형 샘플링 검사 절차 - 제10부 : 계수형 샘플링 검사용 KS Q ISO 2859시리즈 표준의 개요

1.2 재료

1) 골재

(1) 종류

① 발생원에 따른 분류

발생원에 따라 표 2.2.1과 같이 분류한다.

[표 2.2.1] **발생원에 따른 분류**

<table>
<tr><th colspan="3">종류</th><th>기호</th><th>내용</th></tr>
<tr><td rowspan="2">천연 골재</td><td colspan="2">굵은 골재</td><td>NG</td><td rowspan="2">하천, 산림, 공유수면이나 그 밖의 지상, 지하 등에 부존하는 자연상태의 모래 또는 자갈을 파쇄, 입도 선별, 세척 등을 통해 생산하는 골재</td></tr>
<tr><td colspan="2">잔골재</td><td>NS</td></tr>
<tr><td rowspan="2">부순 골재</td><td colspan="2">굵은 골재</td><td>CG</td><td rowspan="2">천연상태의 암석 또는 공사현장 등에서 발생하는 암석, 모래, 자갈을 파쇄, 입도 선별, 세척 등을 통해 생산하는 골재</td></tr>
<tr><td colspan="2">잔골재</td><td>CS</td></tr>
<tr><td rowspan="3">고로 슬래그 골재</td><td rowspan="2">굵은 골재</td><td>N</td><td rowspan="2">BFG</td><td rowspan="2">용광로에서 선철과 동시에 생성되는 용융 슬래그를 공기 중에서 서서히 냉각시켜 입도 조정한 것</td></tr>
<tr><td>H</td></tr>
<tr><td colspan="2">잔골재</td><td>BFS</td><td>용광로에서 선철과 동시에 생성되는 용융 슬래그를 물 또는 공기로 급격히 냉각시켜 입도 조정한 것</td></tr>
<tr><td rowspan="4">전기로 산화 슬래그 골재</td><td rowspan="2">굵은 골재</td><td>N</td><td rowspan="2">EFG</td><td rowspan="2">전기로에서 용강과 동시에 생성되는 용융 산화 슬래그를 공기 중에서 서서히 냉각시킨 후 철분을 제거하여 입도 조정한 것</td></tr>
<tr><td>H</td></tr>
<tr><td rowspan="2">잔골재</td><td>N</td><td rowspan="2">EFS</td><td rowspan="2">전기로에서 용강과 동시에 생성되는 용융 산화 슬래그를 물 또는 공기로 급격히 냉각시키거나 공기 중에서 서서히 냉각시킨 후 철분을 제거하여 입도 조정한 것</td></tr>
<tr><td>H</td></tr>
</table>

(표 계속)

<table>
<tr><th colspan="3">종류</th><th>기호</th><th>내용</th></tr>
<tr><td>동 슬래그 골재</td><td colspan="2">잔골재</td><td>CUS</td><td>로에서 동과 동시에 생성하는 용융 슬래그를 물 또는 공기로 급격히 냉각시키거나 공기 중에서 서서히 냉각시켜 입도 조정한 것</td></tr>
<tr><td>연 슬래그 골재</td><td colspan="2">잔골재</td><td>LS</td><td>연광석을 제련로에서 연속으로 용융, 환원할 때 생성되는 용융 슬래그를 물 또는 공기로 급격히 냉각(I형)시키거나 공기 중에서 서서히 냉각(II형)시켜 입도 조정한 것</td></tr>
<tr><td>페로니켈 슬래그 골재</td><td colspan="2">잔골재</td><td>FNS</td><td>로에서 페로니켈과 동시에 생성되는 용융 슬래그를 물 또는 공기로 급격히 냉각시키거나 공기 중에서 서서히 냉각시켜 입도 조정한 것</td></tr>
<tr><td rowspan="2">용융 슬래그 골재</td><td colspan="2">굵은 골재</td><td>MG</td><td rowspan="2">일반 폐기물 및 하수 슬러지의 용융·고화 시설에서 제조된 용융물을 냉각·고화하여 입도 조정한 것</td></tr>
<tr><td colspan="2">잔골재</td><td>MS</td></tr>
<tr><td rowspan="2">순환 골재</td><td colspan="2">굵은 골재</td><td>RG</td><td rowspan="2">기존 콘크리트 구조물의 철거로 인해 발생되는 폐콘크리트 등과 같이 이미 경화된 콘크리트를 파쇄하여 가공한 골재</td></tr>
<tr><td colspan="2">잔골재</td><td>RS</td></tr>
<tr><td rowspan="5">구조용 경량 골재</td><td rowspan="2">인공 경량 골재</td><td>굵은 골재</td><td>ALG</td><td rowspan="2">고로 슬래그, 점토, 규조토암, 석탄회, 점판암과 같은 것을 팽창·소성·소괴하여 생산되는 골재</td></tr>
<tr><td>잔골재</td><td>ALS</td></tr>
<tr><td rowspan="2">천연 경량 골재</td><td>굵은 골재</td><td>NLG</td><td rowspan="2">경석, 화산암, 응회암과 같은 천연 재료를 가공한 골재</td></tr>
<tr><td>잔골재</td><td>NLS</td></tr>
<tr><td>바텀 애시 경량 골재</td><td>잔골재</td><td>BLS</td><td>화력발전소에서 부산되는 바텀 애시를 가공한 골재</td></tr>
</table>

② 품질 수준에 따른 분류

고로 슬래그 굵은 골재, 전기로 산화 슬래그 굵은 골재 및 잔골재의 경우 품질 수준에 따라 N(보통 품질 : Normal Quality), H(고품질 : High Quality)로 분류한다.

③ 입자 크기의 범위에 따른 분류

입자 크기의 범위에 따라 표 2.2.2와 같이 분류한다.

[표 2.2.2] **입자의 크기에 따른 종류**

골재 번호	입자 크기의 범위(mm)	골재 번호	입자 크기의 범위(mm)
굵은 골재 1	90~40	굵은 골재 6	20~13
굵은 골재 2	65~40	굵은 골재 67	20~5
굵은 골재 3	50~25	굵은 골재 7	13~5
굵은 골재 357	50~5	굵은 골재 78	13~2.5
굵은 골재 4	40~20	굵은 골재 8	10~2.5
굵은 골재 467	40~5	잔골재	5~0
굵은 골재 5	25~13		
굵은 골재 57	25~5		

④ 알칼리 골재 반응에 따른 분류

알칼리 골재 반응에 따라 표 2.2.3과 같이 분류한다. 단, 천연 골재, 고로 슬래그 골재, 연 슬래그 골재, 구조용 경량 골재는 제외한다.

[표 2.2.3] **알칼리 골재 반응에 따른 종류**

종류	내용
A	알칼리 골재 반응 시험결과 무해한 것
B	알칼리 골재 반응 시험결과 무해한 것으로 판정되지 않은 것 또는 이 시험을 하지 않은 것

(2) 품질

① 일반적 성질

골재는 깨끗하고 강하며 내구적이고, 알맞은 입도를 가지며, 흙, 얇은 석편, 가는 석편, 유기 불순물, 염화물 등은 유해량 이상을 함유해서는 안 된다.

② 물리적 성질

굵은 골재와 잔골재의 물리적 성질은 표 2.2.4에 적합하여야 한다.

[표 2.2.4] **골재의 물리적 성질**

구분			기호	절대건조 밀도 (g/cm^2)	흡수율 (%)	안정성 (%)	마모율 (%)	입형판정 실적률(%)	단위용적 질량(KG/t)	팽창성 (%)[1)]	수주침지 시험	자외선(360.0 nm)조사시험
천연 골재	굵은 골재		NG	2.5 이상	3.0 이하	12 이하	40 이하					
	잔골재		NS	2.5 이상	3.0 이하	10 이하						
부순 골재	굵은 골재		CG	2.5 이상	3.0 이하	12 이하	40 이하	55 이상				
	잔골재		CS	2.5 이상	3.0 이하	10 이하		53 이상				
고로 슬래그 골재	굵은 골재	N	BFG	2.2 이상	6.0 이하				1.25 이상		균열, 분해, 진흙화 분화 등의 현상이 없어야 한다.	발생하지 않거나 또는 균일한 자주색으로 빛나고 있어야 한다.
		H		2.4 이상	4.0 이하				1.35 이상			
	잔골재		BFS	2.5 이상	3.5 이하				1.45 이상			
전기로 산화 슬래그 골재	굵은 골재	N	EFG	3.1 이상 4.0 미만	2.0 이하				1.60 이상			
		H		4.0 이상 4.5 미만	2.0 이하				2.00 이상			
	잔 골재	N	EFS	3.1 이상 4.0 미만	2.0 이하				1.80 이상			
		H		4.0 이상 4.5 미만	2.0 이하				2.20 이상			
동 슬래그 골재	잔골재		CUS	3.2 이상	2.0 이하				1.80 이상			
연 슬래그 골재	잔골재		LS	3.2 이상	2.0 이하				1.70 이상			
페로니컬 슬래그 골재	잔골재		FNS	2.7 이상	3.0 이하				1.50 이상			
용융 슬래그 골재	굵은 골재		MG	2.5 이상	3.0 이하	12 이하		55 이상		2 이하		
	잔골재		MS	2.5 이상	3.0 이하	10 이하		53 이상		2 이하		
순환 골재	굵은 골재		RG	2.5 이상	3.0 이하	12 이하	40 이하	55 이상				
	잔골재		RS	2.3 이상	4.0 이하	10 이하		53 이상				
구조용 경량 골재	인공 경량 골재	굵은 골재	ALG						0.88 이하 / 1.04 이하[2)]			
		잔 골재	ALS						1.12 이하			
	천연 경량 골재	굵은 골재	NLG						0.88 이하			
		잔 골재	NLS						1.12 이하			
	바텀에서 경량 골재		BLS			10 이하			1.20 이하			

주 1) 부속서 C(모르타르 팽창률)에 따른다.
2) 굵은 골재와 잔골재를 혼합한 단위용적질량

안정성의 손실량이 표 2.2.4의 허용값을 넘는 골재라도 동일한 골재원에서 채취한 골재로 만든 콘크리트가 동결 융해 시험결과 만족한 결과를 얻었거나 또는 동일한 골재원이 없을 경우 만족한 결과를 입증할 수 있는 실례가 있을 경우에는 사용해도 좋다.

③ 화학성분

굵은 골재와 잔골재의 화학성분은 표 2.2.5에 적합하여야 한다.

[표 2.2.5] **골재의 화학성분**

(단위 : %)

구분			기호	산화칼슘 (CaO)	산화 마그네슘(MgO)	황(S)	삼산화황 (SO_3)	산화철 (FeO)	금속철 (Fe)	염기도 (CaO/SiO_2)
고로 슬래그 골재	굵은 골재	N	BFG	45.0 이하		2.0 이하	0.5 이하	3.0 이하		
		H		45.0 이하		2.0 이하	0.5 이하	3.0 이하		
	잔골재		BFS	45.0 이하		2.0 이하	0.5 이하	3.0 이하		
전기로 산화 슬래그 골재	굵은 골재	N	EFG	40.0 이하	10.0 이하			50.0 이하		2.0 이하
		H		40.0 이하	10.0 이하			50.0 이하		2.0 이하
	잔 골재	N	EFS	40.0 이하	10.0 이하			50.0 이하		2.0 이하
		H		40.0 이하	10.0 이하			50.0 이하		2.0 이하
동 슬래그 골재	잔골재		CUS	12.0 이하		2.0 이하	0.5 이하	70.0 이하		
연 슬래그 골재	잔골재		LS	20.0 이하		2.0 이하	0.5 이하	60.0 이하		
페로니컬 슬래그 골재	잔골재		FNS	5.0 이하	40.0 이하	0.5 이하		13.0 이하	1.0 이하	
용융 슬래그 골재	굵은 골재		MG	45.0 이하		2.0 이하	0.5 이하		1.0 이하	
	잔골재		MS	45.0 이하		2.0 이하	0.5 이하		1.0 이하	
구조용 경량 골재	인공경량골재	굵은 골재	ALG							
		잔골재	ALS							
	천연경량골재	굵은 골재	NLG							
		잔골재	NLS							
	바텀에서 경량 골재		BLS				0.8 이하			

④ 유해물질

골재의 유해물질 함유량의 허용값은 표 2.2.6과 같다. 또한, 이와 별도로 용융 슬래그 골재의 유해 물질 함유량 및 용출량의 허용값은 표 2.2.7과 같다.

[표 2.2.6] **골재의 유해물질 함유량의 허용값**

구분			기호	점토 덩어리[1]	연한 석편[1]	0.08mm 체 통과량[2]	석탄 및 갈탄	염화물(NaCl 환산량)[3]	감열 감량	이물질 함유량[4]	
										유기 이물질	무기 이물질
천연골재	굵은 골재		NG	0.25 이하	5.0 이하	1.0 이하	0.5 이하 1.0 이하				
	잔골재		NS	1.00 이하		3.0 이하 5.0 이하	0.5 이하 1.0 이하	0.04 이하			
부순골재	굵은 골재		CG			1.0 이하					
	잔골재		CS			7.0 이하					
동 슬래그 골재	잔골재		CUS					0.03 이하			
연 슬래그 골재	잔골재		LS					0.03 이하			
용융 슬래그 골재	굵은 골재		MG			1.0 이하		0.04 이하			
	잔골재		MS			7.0 이하 5.0 이하		0.04 이하			
순환 골재	굵은 골재		RG	0.2 이하		1.0 이하				1.0 이하 (용적)	1.0 이하 (질량)
	잔골재		RS	1.0 이하		7.0 이하				1.0 이하 (용적)	1.0 이하 (질량)
구조용 경량 골재	인공경량골재	굵은 골재	ALG	2.0 이하					5 이하		
		잔골재	ALS								
	천연경량골재	굵은 골재	NLG	2.0 이하					5 이하		
		잔골재	NLS								
	바텀에서 경량 골재		BLS	2.0 이하		5.0 이하		0.025 이하	5 이하		

주 1) 점토 덩어리와 연한 석편의 합이 5%를 넘으면 안 된다.
2) 상부의 숫자는 콘크리트 표면이 마모를 받거나 중요한 경우이고, 하부는 그 이외의 경우이다.
3) 무근 콘크리트에 사용할 경우에는 적용하지 않는다.
4) 이물질이란 콘크리트에 포함될 경우 품질에 유해한 영향을 주는 물질로서 유기 이물질과 무기 이물질로 구분하며, 목재, 비닐, 천조각, 플라스틱, 종이류 등의 유기 이물질과 폐아스콘, 유리, 슬레이트, 적벽돌, 자기류, 타일류 등의 무기 이물질이 해당된다.

[표 2.2.7] **용융슬래그 골재의 유해물질 용출량 및 함유량의 허용값**

구분	카드뮴	납	육가크롬	비소	총 수은	셀레늄	불소	붕소
유해물질 용출량 (mg/L)	0.01 이하	0.01 이하	0.05 이하	0.01 이하	0.0005 이하	0.01 이하	0.8 이하	1 이하
유해물질 함유량 (mg/kg)	150 이하	150 이하	250 이하	150 이하	15 이하	150 이하	4000 이하	4000 이하

⑤ 천연 잔골재의 유기 불순물

천연 잔골재는 유기 불순물을 유해량 이상 함유해서는 안된다. 이 표준에서 규정한 것을 제외하고, 골재는 유기 불순물 시험(KS F 2510)에 따라 유기 불순물 시험을 하여 표준색보다 진한 색상을 나타내는 잔골재를 사용해서는 안 된다.

이 시험에서 잔골재가 소량의 석탄, 갈탄 또는 유사한 입자로 인하여 변색되었을 경우에는 사용해도 된다.

⑥ 알칼리 골재 반응

천연 골재, 고로 슬래그 골재, 연 슬래그 골재, 구조용 경량 골재를 제외하고 적용되는 골재의 종류는 알칼리 골재 반응 시험(KS F 2545)에 따른 알칼리 골재 반응 시험을 실시한 결과 해가 없어야 한다.

천연 골재를 사용하는 경우 콘크리트에 사용되는 골재가 젖어 있거나 습한 대기 중에 노출되거나 또는 습지에 접속하는 콘크리트에 사용될 경우 골재는 시멘트 중의 알칼리와 반응하는 유해물질을 모르타르 또는 콘크리트의 과잉 팽창을 일으킬 정도로 함유해서는 안 된다. 다만, 이러한 성분의 유해량이 함유되어 있더라도 수산화 나트륨으로 계산한 알칼리 양이 0.6% 이하인 시멘트와 같이 사용하거나 또는 알칼리와 골재의 반응으로 인한 과잉 팽창을 방지할 수 있는 혼화재를 사용한 콘크리트인 경우에는 예외로 한다.

(3) 입도

골재의 입도는 표 2.2.8의 범위를 표준으로 한다.

[표 2.2.8] **골재의 입도**

골재 번호	체의 크기(mm)	체를 통과하는 질량백분율(%)															
	체의 호칭 치수(mm)	100	90	75	65	50	40	25	20	13	10	5	2.5	1.2	0.6	0.3	0.15
1	90~40	100	90~100		25~60		0~15		0~5								
2	65~40			100	90~100	35~70	0~15		0~5								
3	50~25				100	90~100	35~70	0~15		0~5							
357	50~5				100	95~100		35~70		10~30		0~5					
4	40~20					100	90~100	20~55	0~15		0~5						
467[1]	40~5					100	95~100		35~70		10~30	0~5					
5	25~13						100	90~100	20~55	0~10	0~5						
57[1]	25~5						100	90~100		25~60		0~10	0~5				
6	20~13							100	90~100		0~10	0~5					
67[1]	20~5							100	90~100		20~55	0~10	0~5				
7	13~5								100	90~100	40~70	0~15	0~5				
78[1]	13~2.5								100	90~100	40~75	5~25	0~10	0~5			
8	10~2.5									100	85~100	10~30	0~10	0~5			
부순 잔골재	5~0.15										100	95~100	80~100	50~90	25~65	10~35	2~15
부순 잔골재 이외의 잔골재	5~0										100	95~100	80~100	50~85	25~60	10~30	2~10

주 1) KS F 4009 표 1의 레디믹스트 종류에 따른 굵은 골재의 최대 치수임.

1.3 시료 채취 및 시험방법

① 시료 채취방법 : KS F 2501(골재의 시료 채취방법)에 따른다.

② 절대건조밀도 및 흡수율 시험방법 : KS F 2503(굵은 골재의 밀도 및 흡수율 시험방법) 및 KS F 2504(잔골재의 밀도 및 흡수율 시험방법)에 따른다.

③ 입도시험 : KS F 2502(골재의 체가름 시험방법)에 따른다.

④ 조립률 시험 : 골재의 조립률 시험은 다음에 따른다.

㉠ 시료 채취 및 시험은 KS F 2502(골재의 체가름 시험방법)에 따라 시험한다.

㉡ 이때 사용하는 체는 호칭 치수 75mm, 40mm, 20mm, 10mm, 5mm, 2.5mm, 1.2mm, 0.6mm, 0.3mm, 0.15mm의 체 10개를 1조로 하여 체가름 시험을 한다.

㉢ 시료의 조립률은 체가름에서 구한 각 체에 남는 양의 총 누계율 100으로 나눈 값이다.

⑤ 0.08mm 체 통과량 시험 : KS F 2511에 따른다.

⑥ 유기 불순물 시험 : KS F 2510에 따른다.

⑦ 압축강도 시험 : KS F 2405에 따른다.

⑧ 안정성 시험 : KS F 2507에 따른다.

⑨ 점토 덩어리 시험 : KS F 2512에 따른다.

⑩ 석탄 및 갈탄 함유량 시험 : KS F 2513에 따른다. 다만, 석탄 및 갈탄 입자를 제거하는 데 밀도 2.0g/cm^{3}인 액체를 사용한다. 흑갈색이나 흑색 재료만을 석탄이나 갈탄으로 본다. 코크스는 석탄이나 갈탄으로 취급해서는 안 된다.

⑪ 굵은 골재의 마모율 시험 : KS F 2508에 따른다.

⑫ 연석량 시험 : KS F 2516에 따른다.

⑬ 알칼리 골재 반응 시험 : KS F 2545에 따른다. 그 결과 "무해"라고 판정되지 않는 경우는 KS F 2546에 따른 시험을 실시하여 판정한다.

⑭ 동결 융해 시험 : KS F 2456에 따른다.

⑮ 단위 용적 질량 : KS F 2505에 따른다.

⑯ 수중 침지 시험 : 고로 슬래그 굵은 골재의 물속 침지 시험은 다음에 따른다.

㉠ 시료 : 약 2,000g의 고로 슬래그 굵은 골재를 채취하여 10mm 체로 체가름하여 체에 남은 것을 용기에 넣는다. 이것에 물을 붓고 물속에서 세게 휘저어

고로 슬래그 굵은 골재의 표면에 부착하거나 공동에 포함되는 고운 입자를 제거한다. 고운 입자가 뿌옇게 된 씻은 물은 용기를 기울여 흘려보낸다. 용기 안의 고로 슬래그 굵은 골재는 별도의 용기 안에 10mm 체를 놓고 이 체 위에 올린다. 다시 용기 안의 고로 슬래그 굵은 골재에 물을 가하여 휘저어 씻고 물이 맑아질 때까지 이 조작을 반복한다. 이렇게 하여 얻은 고운 입자를 포함하지 않는 10mm 이상의 고로 슬래그 굵은 골재를 시료로 한다.

ⓛ 방법 : 임의로 30알갱이의 시료를 꺼내서 온도 20±2℃의 물속에 2일간 담가 관찰한다.

ⓒ 결과 및 판정 : 관찰의 결과, 시료의 전 입자에 대하여 균열, 분해, 진흙화, 분화 등의 현상이 없으면 합격으로 한다. 한 알갱이라도 균열, 분해, 진흙화, 분화 등의 현상이 인정된 경우는 재시험한다.

⑰ **자외선(360.0nm) 조사 시험 :** 고로 슬래그 굵은 골재의 자외선 조사 시험은 다음에 따른다.

㉠ 시료 : 기건상태의 고로 슬래그 굵은 골재 약 2,000g을 채취하여 10mm 체로 체가름하여 체에 남은 것에서 임의로 10알갱이를 꺼내서 시료로 한다.

ⓛ 장치 : 분석용 석영 등 및 산화니켈유리(U.V필터용)를 조합한 파장 360.0nm의 자외선을 조사할 수 있는 가시광선을 포함하지 않는 자외선 감식 장치로 한다.

ⓒ 방법 : 10알갱이의 시료를 각각 정과 해머로 깨서 신선한 파단면을 내놓는다. 다음으로 이 파단면에 파장 360.0nm의 자외선을 조사하여 관찰한다.

ⓔ 결과 및 판정 : 관찰의 결과 발광하지 않거나 또는 똑같이 자주색으로 빛나고 있으면 합격으로 한다. 한 알갱이라도 이상한 발광을 나타내는 경우는 재시험을 한다.

⑱ **입자 모양 판정 실적률 시험 :** 입자 모양 판정 실적률 시험은 다음에 따른다.

㉠ 굵은 골재

- 시료는 절대건조 상태가 될 때까지 건조된 부순 골재로서 20~10mm의 골재 24kg, 10~5mm의 골재 16kg을 체가름하여 이들을 합쳐서 잘 혼합한 것이어야 한다.

- KS F 2505에 규정된 방법에 따라 시료의 단위용적질량 T(Kg/m^3)를 구한다.
- 시료의 절대건조밀도(ρ)는 KS F 2503(굵은 골재의 밀도 및 흡수율 시험방법)에 의해 구한 값을 사용한다.

㉡ 잔골재

- 시료는 물로 충분히 씻으면서 체가름하여 2.5mm 체를 통과시키고, 1.2mm 체에 남아 있는 것을 취하여 절대 건조 상태로 한 것으로 한다.
- KS F 2505에 규정된 방법에 따라 시료의 단위용적질량 T(Kg/m^3)를 구한다.
- 시료의 절대건조밀도(ρ)는 KS F 2504(잔골재의 밀도 및 흡수율 시험방법)에 의해 구한 값을 사용한다.

㉢ 계산 : 입자 모양 판정 실적률은 다음 식으로 구한다.

$$\text{입자 모양 판정 실적률(\%)} = \frac{T}{(\rho \times 1{,}000)} \times 100$$

여기에서 T : 시료의 단위용적질량(kg/m^3)

ρ : 절대건조밀도(g/cm^3)

⑲ **강열 감량 시험** : KS L 5405에 따른다.

⑳ **염화물 시험** : KS F 2515에 따른다.

㉑ **얼룩 시험** : KS F 2468에 따른다.

㉒ **이물질 함유량 시험** : KS F 2576에 따른다.

㉓ **중금속 용출 시험** : 중금속 등의 용출량 시험은 폐기물관리법에 의한 폐기물 공정 시험법에 따른다.

㉔ **팽창성 시험** : KS F 2527 부속서 C에 따른다.

㉕ **금속 철 시험** : 금속 철(Fe)의 분석은 KS E ISO 5416에 따른다. KS E ISO 5416의 방법으로 측정된 금속 철의 값이 큰 경우에는 KS F 2527 부속서 D에 따른다.

㉖ **골재의 화학시험방법** : 산화칼슘 시험, 산화마그네슘 시험, 황 시험, 삼산화황 시험, 철 시험은 KS F 2527 부속서 E에 따른다.

㉗ **유해 물질 용출량 시험** : 유해 물질의 용출량 시험은 폐기물관리법에서 정한 폐기물 공정 시험방법에 따른다.

㉘ **유해 물질 함유량 시험** : 유해 물질의 함유량 시험은 KS F 2527 부속서 F에 따른다.

2 골재의 체가름 시험방법(KS F 2502 : 2019)

2.1 골재의 체가름 시험에서 알아야 할 사항

(1) 골재입형(骨材粒形)

골재의 입자 모양을 말한다.

(2) 골재입도(骨材粒度, grading)

콘크리트 골재나 흙 등의 입자로 된 재료의 크고 작은 입자의 혼합비율을 말한다.

(3) 입도 시험(粒度試驗, mechanical analysis of grain)

흙이나 콘크리트 골재 등의 입도분포 상태를 알기 위한 시험을 말하고, 입도가 큰 것은 체가름시험을 하고, 74μ보다 작은 입도는 비중 부표(浮漂)에 의한 비중 측정법을 써서 시험한다.

(4) 입도분포곡선(粒度分布曲線, grading curve)

체가름 시험을 한 결과를 세로축에 각 체의 통과율(중량 %)을 나타내고, 가로축에 체눈의 치수를 나타낸 그림의 곡선을 말한다. 콘크리트의 골재, 흙 등의 입도를 나타내는 데 쓰인다.

(5) 조립률(組粒率, fineness modulus)

약칭은 FM이고, 콘크리트에서 골재의 입도(粒度)를 나타내는 하나의 지표(指標)이다. 호칭치수가 0.15, 0.3, 0.6, 1.2, 2.5, 5, 10, 20 및 40mm의 9가지 체로 체질하여 골재를 분류한 경우에 전시료에 대해 체에 남아 있는 시료의 무게 백분율의 합계를 100으로 나눈 값이다. 이 값이 클수록 입자가 굵은 골재이며, 자갈은 6~7 정도, 모래는 1.5~3.5 정도이다.

(6) 골재의 종류

① 입자의 크기에 의한 분류

㉠ 잔골재(fine aggregate) : 체규격 5mm의 체에서 중량비로 85% 이상 통과하는 콘크리트용 골재

㉡ 굵은 골재(coarse aggregate) : 체규격 5mm의 체에서 중량비로 85% 이상 남는 콘크리트용 골재

② 생산방식에 의한 분류

㉠ 천연골재(natural aggregate) : 천연작용에 의해 암석에서 생긴 골재로서 개울·바다·야산 등에서 천연으로 채취한 강모래(river sand)·강자갈(river gravel)·산모래(pit sand)·산자갈(pit gravel)·바닷모래(sea sand)·바닷자갈(sea gravel) 등이 있다.

㉡ 인공골재(artificial aggregate) : 암석을 부수어 만든 부순 모래(crushed sand)·깬자갈(crushed gravel)이 있고, 광재(slag)를 부수어 만든 광재자갈(slag aggregate), 소성(燒成)해서 만든 팽창점토(expanded clay)·펄라이트(perlite) 등이 있다.

③ 무게에 의한 분류

㉠ 경량골재(light-weight aggregate) : 절건비중이 2.0 이하인 골재를 말하며, 팽창혈암(expanded shale)·팽창점토(expanded clay)·팽창슬래그(expanded slag)·팽창진주석(expanded perlite)·석탄찌꺼기(cinder, coal ash) 등이 있다.

㉡ 중량골재(heavy-weight aggregate) : 절건비중이 2.7 이상인 골재를 말하며, 자철광(magnetite)·갈철광(limonite)·적철광(hematite)·중정석(barite)·사철(sand iron) 등이 있다.

2.2 골재의 체가름 시험목적

골재의 체가름 시험은 기본적으로 골재의 각 크기의 균형(조립률, 입도)을 알아보기 위한 것이다. 즉 크기별로 어느 정도 혼재되어 있는지를 알아보기 위한 목적이 있다. 또한, 굵은 골재의 최대치수를 알아보기 위한 목적도 있다. 이는 콘크리트의 배합설계시 잔골재율이나 입도조정에 의한 자료를 필요로 하며, 철근의 배근간격과 콘크리트를 비롯하여 골재가 필요한 곳에서 요구되는 자료이다. 골재의 입도는 콘크리트의 워커빌리티에 영향을 미친다.

2.3 시험기구

[사진 2.2.1] **잔골재용 체진동기**

[사진 2.2.2] **굵은체용 체진동기**

- **저울**: 시료의 0.1%까지 측정 가능한 정밀도, 현장에서 시험하는 경우 저울정밀도 0.5%까지(최소 끝달림 0.1g까지 측정 가능)
- **시료분취기**: 균질하게 시료를 샘플링(sampling)할 수 있는 기기(없을 때는 4분법 사용)
- **체진동기**: 굵은 골재용과 잔골재용이 있으나 잔골재용으로 굵은 골재를 진동시켜도 되지만, 체의 크기가 작으므로 시료의 양이 많은 경우 여러 번 체가름하여 그 각각의 체에 남는 양을 합쳐서 계산한다.

  굵은 골재용 체가름기는 바닥에 고정시켜 사용한다. 고정되지 않은 경우 체진동기가 움직일 수 있으므로 중량물로 진동기 본체가 흔들리지 않도록 고정시킨다.
- **건조기**: 105±5℃를 유지할 수 있는 순환공기식 열풍건조기가 좋다.
- **표준체**: 잔골재용(0.08, **0.15**, **0.3**, **0.6**, **1.2**, **2.5**, **5**, **10**mm 체)-KS F 2523 굵은 골재용(**2.5**, **5**, **10**, 15, **20**, 25, 30, **40**, 50, 60, **80**, 100mm 체)

  단, FM(조립률)용은 밑줄친 굵은 글씨로 된 총 10개로 하는 것으로(2.5, 5, 10mm 체 중복) KS F 2526의 7.11 (b)에 규정되어 있다. 5kg 이상의 시료 체가름은 지름 40cm 이상의 체를 사용하는 것이 좋다.(표 2.2.11 참조)

2.4 시험방법

1) 시료 준비

① 모래나 자갈을 4분법 또는 시료분취기를 통해 채취한다.

② 채취한 시료를 105±5℃로 24시간 동안 시료의 무게 변화가 없을 때까지 건조시킨다.

③ 잔골재와 굵은 골재가 섞여 있는 경우 5mm 체로 구분해주며, 시료의 양은 표 2.2.9와 같다.

[표 2.2.9] **체가름에 필요한 시료의 무게**

구 분	잔골재		굵은 골재 최대치수(mm)										
등 급	1.2mm 체를 질량비로 95% 이상 통과	1.2mm 체를 질량비로 5% 이상 잔류	9.5	13.2	16	19	26.5	31.5	37.5	53	63	75	106
필요 최소중량(g)	100	500	2	2.6	3	4	5	6	8	10	12	16	20

주) 단, 구조용 경량골재의 경우 위 표의 1/2로 한다.

④ 시료의 질량을 측정할 때에는 0.1% 이상의 정밀도로 측정한다.(단, 현장측정시 0.5%)

2) 체가름 시험

① 각 체의 무게를 미리 재서 기록한다.

② 가는 눈의 체를 아래로 하고 시험의 목적에 맞는 조합망체를 사용하여 체가름한다.

③ 체진동기를 사용하며, 체에 상하운동 및 수평운동을 줄 때 흔들림이 없도록 고정시킨다.

④ 체진동기를 가동하여 1분간 진동 체가름한다. 이때 손가락이 끼거나 다른

신체 부위를 다치지 않도록 주의한다. 잔골재용 체진동기는 상부의 진동용 고무망치가 체 뚜껑을 가격할 수 있도록 하여야 한다. 또한, 각 체는 체진동기에 단단히 고정시켜야 한다. 굵은 골재용 체진동기는 뚜껑을 덮지 않을 수 있지만 골재상태에 따라 먼지가 많이 발생할 수 있으므로 주의한다.

⑤ 1분간 진동시킨 후 각 체(시료가 올라가 있는 상태)의 무게를 측정한다.

⑥ 다시 1분간 진동시킨 후 각 체의 무게를 다시 측정하여 각 체를 통과하는 것이 전 시료 질량의 0.1% 이하가 될 때까지 5~6회 반복한다.

⑦ 1분 동안의 진동에도 각 체의 잔류량 1% 이상이 통과하지 않으면 각 체에 남은 시료의 무게를 측정한다.

- 각 체에 있는 시료의 무게는 ①에서 측정한 무게와 차이를 계산하여 산출한다.
- 시험 후 체 눈에 낀 시료까지 제거하여 시험의 오차를 줄인다. 특히 잔골재의 경우 체망에 낀 골재를 뺄 때 체망이 넓어지거나 늘어나지 않도록 주의해야 한다.

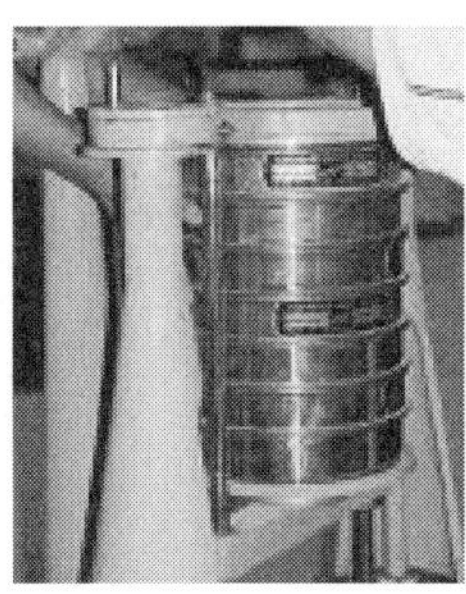

[사진 2.2.3] **체진동기**

[사진 2.2.4] **굵은 골재용**

[사진 2.2.5] **진동준비**

[사진 2.2.6] **굵은 골재 진동 중**

[사진 2.2.7] **진동 중**

2.5 계산방법

① 각 체에 통과하는 시료의 질량을 전 질량에 대한 백분율로 소수 첫째자리까지 표시한다.

② 각 체에 잔류하는 시료의 질량을 전 질량에 대한 백분율로 소수 첫째자리까지 표시한다.

③ 골재의 최대치수(전 골재 질량의 90%가 통과한 체의 눈금) 및 골재의 조립률을 계산한다.

④ 골재의 조립률 계산식은 다음과 같다.

$$FM = \frac{\text{각 체에 남은 누적잔류율의 합}}{100}$$

굵은 골재의 조립률은 6~8이 적당하고, 잔골재의 조립률은 2.3~3.1이 적당하다.

다음은 조립률을 구하는 예이다.

[표 2.2.10] **조립률을 구하는 예(골재의 입도곡선을 구하기 위한 자료 작성 예)**

체 치수(mm)	굵은 골재		잔골재	
	통과율(%)	누적잔류율(%)	통과율(%)	누적잔류율(%)
40	100	0	–	–
20	76	24	–	–
10	34	66	100	0
5	5	95	96	4
2.5	2	98	91	9
1.2	1	99	72	28
0.6	0	100	47	53
0.3	0	100	22	78
0.15	0	100	5	95
계		682		267
조립률		6.82		2.67

- 굵은 골재의 조립률 계산

$$FM = \frac{24+66+95+98+99+100+100+100}{100} = 6.82$$

- 잔골재의 조립률 계산

$$FM = \frac{4+9+28+53+78+95}{100} = 2.67$$

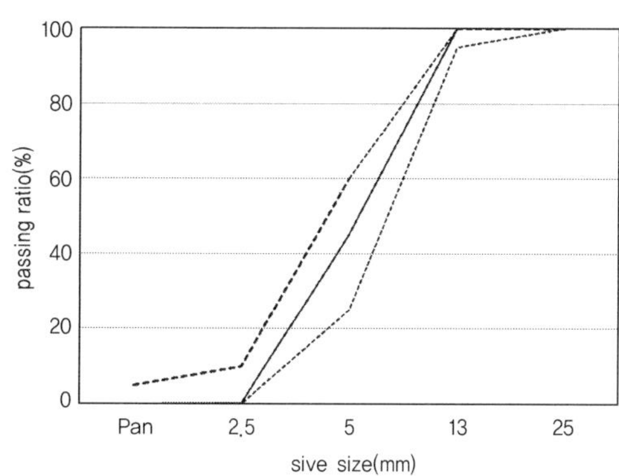

[그림 2.2.1] **굵은 골재의 입도분포 곡선**

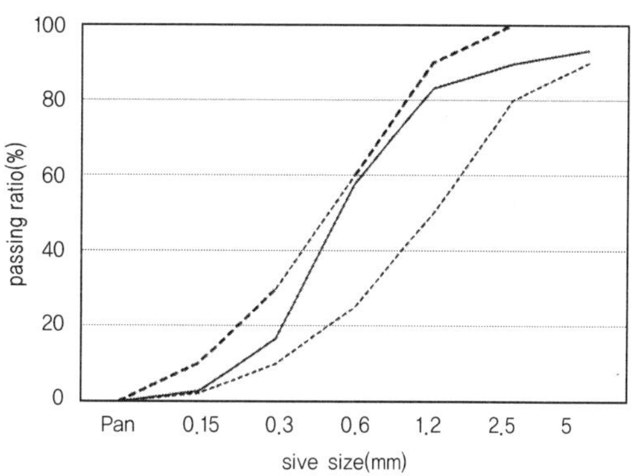

[그림 2.2.2] **잔골재의 입도분포 곡선**

[표 2.2.11] **골재의 체가름에 사용되는 체의 호칭치수와 체눈 크기**

호칭 치수		체눈 크기	호칭 치수		체눈 크기
0.15	# 100	150㎛	20	$\frac{3}{4}$"	19.0mm
0.3	# 50	300㎛	25	1"	26.5mm
0.6	# 30	600㎛	30	$1\frac{1}{4}$"	31.5mm
1.2	# 16	1.18mm	40	$1\frac{1}{2}$"	37.5mm
2.5	# 8	2.36mm	50	2"	53.0mm
5	# 4	4.75mm	60	$2\frac{1}{2}$"	63.0mm
10	$\frac{3}{8}$"	9.50mm	80	3"	75.0mm
15	$\frac{5}{8}$"	16.0mm	100	4"	106.0mm
팬커버 1조					

3 골재의 단위용적질량 및 실적률 시험방법 (KS F 2505 : 2017)

3.1 골재의 단위용적질량 및 실적률 시험에서 알아야 할 사항

(1) 단위용적질량(單位容積質量, bulk density)

단위용적의 용기(容器) 안에 가득 채운 분체나 입자체의 무게를 말한다. 골재나 콘크리트는 kg/ℓ, t/m^3 등의 단위로 나타내고, 같은 재료라도 용기의 모양, 크기, 시료(試料)를 채우는 방법 등에 따라 다르다.

(2) 공극률(空隙率, void content)

물체의 용적에 대한 그 물체 속의 공극량을 백분율로 나타낸 값이다. 다음 식으로 구한다.

$$공극률(\%) = \frac{1 - 겉보기\ 밀도}{진밀도} \times 100$$

(3) 실적률(實積率, solid content)

분체나 입자체를 용기에 채웠을 때, 그 용기에 대한 분체나 입자체의 체적 비율을 말한다. 실적률 d와 공극률 v와의 사이에는 $d = 1 - v$의 관계가 있다. 골재에 대해서는 골재의 단위용적질량(kg/ℓ)을 밀도로 나누어 구한다.

(4) 질량배합(質量配合, mix proportion by mass)

콘크리트를 비빌 때 사용하는 각 재료의 양을 무게로 나타낸 배합을 말하고, 비빈 콘크리트 1m^3에 대한 무게(kg)로 표시한다.

(5) 용적배합(容積配合, mix proportion by volume)

콘크리트를 비빌 때 사용하는 각 재료의 양을 용적으로 나타낸 배합을 말하고,

각 재료를 비빈 콘크리트 $1m^3$에 대한 절대용적(ℓ)으로 나타낸 절대 용적 배합과 현장 계량 용적 (골재는 m^3, 시멘트 포수)으로 나타낸 현장 계량 용적 배합 중 하나로 나타낸다.

3.2 골재의 단위용적질량 및 실적률 시험목적

골재의 단위용적질량 및 실적률 시험은 잔골재, 굵은 골재 및 이들 혼합골재에 대하여 콘크리트 배합 시, 질량배합과 용적배합의 변환 시 사용되는 정수를 구하기 위함이다. 또한, 골재의 소요량 산정 등에 필요하다. 단, 호칭치수가 150mm 이상의 골재는 다른 규격을 적용한다.

3.3 시험기구

- **저울**: 시료 질량 0.2%까지 측정 가능한 정밀도(최소 끝달림 0.1g까지 측정 가능)를 가진 것을 사용
- **다짐봉**: 지름 16mm, 길이 500~600mm의 크기를 가진 강제 직선봉(끝 : 반구형)
- **용기**: ① 금속제의 원형으로, 밑면은 평평하고 수밀한 것이어야 한다.
  ② 치수는 정밀가공한 것으로 거친 사용에도 견딜 수 있는 경도를 가진 것이어야 한다.
  ③ 용기의 위 테두리면은 그 편평도를 0.25mm로 하고 0.5° 이내에서 밑면과 평행인 것으로 한다. 용기에는 취급에 편리한 손잡이를 붙인다.
  ④ 여기에서 말하는 편평도는 평면 부분의 가장 높은 곳과 가장 낮은 곳을 지나는 두 개의 평행한 평면을 고려하여 이 평면 사이의 거리를 가지고 나타낸다.

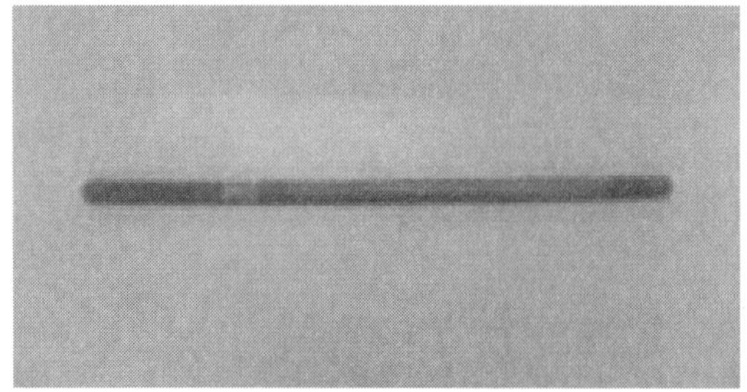

[사진 2.2.8] **다짐봉**

[사진 2.2.9] **용기**

3.4 시험방법

1) 시료 준비

① 모래나 자갈을 4분법 또는 시료분취기를 통해 채취한다.

② 채취한 시료를 105±5℃로 시료의 무게 변화가 없을 때까지 건조시킨다.

- 일반적으로 모래나 자갈의 경우 105±5℃(최저 100℃)에서 24시간 정도면 절건상태가 된다. 기본적으로는 6시간 정도 지난 후 시료 pan(뜨거우므로 화상 주의) 전체의 무게를 측정한 후 다시 건조로에 넣고, 1시간 뒤 다시 무게를 측정하여 절건상태를 점검하여 줄어든 양으로 이후 필요시간을 예상할 수 있다.
- 시료 양은 용기용적의 2배 이상으로 한다.

2) 용기 검정

실제 사용하는 용기가 대부분 철제이므로 사용횟수나 실험실 온도 및 취급상황에 따라 내용적이 변할 수 있으므로 내용적이 얼마인지 정기적(시험 때마다)으로 파악하여 시험오차를 줄이기 위해 검정을 실시한다.

① 소요용기를 깨끗이 하고 물기가 없도록 한 후 시험에 사용할 유리판과 같이 무게를 측정한다.

② 저울 위에 둔 상태로 실온에서 용기에 물을 채우고(사진 2.2.10), 이때 넘치는 물을 제거하기 위해 용기 밑에 충분한 휴지나 천 등으로 미리 감싸놓아 용기 밑으로 물이 들어가지 않도록 주의한다.

[사진 2.2.10] **물채우기**

[사진 2.2.11] **물깎기**

[사진 2.2.12] **무게측정**

③ 실온에서 용기에 물을 채우고 기포나 여분의 물을 제거할 수 있도록 판유리로 덮는다.(사진 2.2.11)

④ 용기 안의 물의 질량을 0.1%의 정밀도로 측정한다.(3ℓ 용기는 ±3g, 10ℓ 용기는 ±10g 등)

⑤ 용기 안의 물의 온도를 측정하여 표 2.2.12의 값을 참조하여 단위용적질량을 계산한다.

[표 2.2.12] **물의 단위용적질량**

온도(℃)	단위용적질량(kg/m³)	온도(℃)	단위용적질량(kg/m³)
4	1,000.00	18	998.62
5	999.99	19	998.43
6	999.96	20	998.23
7	999.93	21	998.02
8	999.87	22	997.80
9	999.80	23	997.56
10	999.73	24	997.32
11	999.63	25	997.07
12	999.52	26	996.81
13	999.40	27	996.54
14	999.27	28	996.26
15	999.12	29	995.97
16	998.97	30	995.67
17	998.80		

⑥ 용기를 채우는 데 필요한 물의 질량을 그 물의 단위용적질량으로 나누어 용기의 부피(V)를 계산하거나 물의 단위용적질량을 용기를 채우는 데 필요한 물의 질량으로 나누어 용기의 계수(F=1/V)를 계산한다. 이 값은 추후 골재의 단위용적질량을 계산할 때 사용한다.

3) 골재 다짐

용기 안에 골재를 채울 때 다짐 정도에 따라 단위용적질량이 달라진다. 따라서 일정한 방법을 사용해야 한다. 골재를 다짐하는 방법은 다짐봉을 사용하는 법을 따르지만 굵은 골재의 치수가 커서 봉다짐이 곤란하거나 시료의 손상이 염려될 경우는 충격을 이용하여 다짐한다.

(1) 다짐봉을 사용하는 시험방법(시료의 최대치수가 40mm 이하인 경우 적용)

① 시료를 용기에 1/3씩 넣고, 손가락으로 윗면을 고른 다음 다짐봉으로 균등하게 소요횟수를 다진다.(사진 2.2.13~15, 2.2.17) 이때 다짐봉이 용기의 밑바닥을 세게 닿지 않도록 주의하고 다짐의 횟수는 골재의 최대 치수에 따라 표 2.2.13에 따른다.(사진 2.2.16, 2.2.18)

② 다음으로 용기의 2/3까지 시료를 넣고 앞과 똑같은 횟수를 다진다. 마지막으로 용기에서 넘칠 때까지 시료를 넣고 전회와 같은 횟수를 다진다.

[표 2.2.13] **용기와 다짐횟수**

굵은 골재의 최대치수(mm)	용적(ℓ)	안높이/안지름	1층당 다짐횟수
5(잔골재) 이하	1~2	0.8~1.5	20
10 이하	2~3		20
10 초과 40 이하	10		30
40 초과 75 이하	30		50

③ 용기와 시료의 질량 및 용기만의 질량을 각각 0.01%까지 측정한다.

[사진 2.2.13] **채우기**

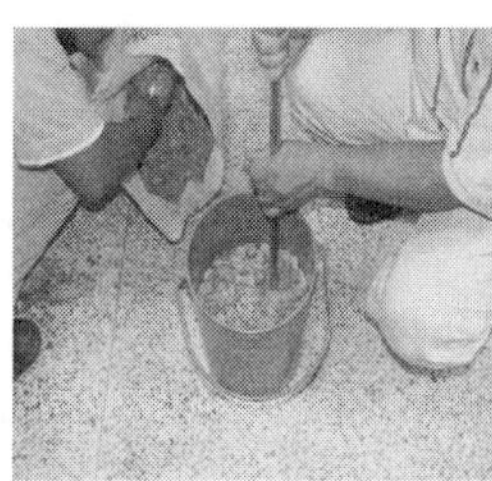
[사진 2.2.14] **다짐**

[사진 2.2.15] **윗면 고르기(손)**

[사진 2.2.16] **윗면 고르기(날)**

[사진 2.2.17] **잔골재 다짐**

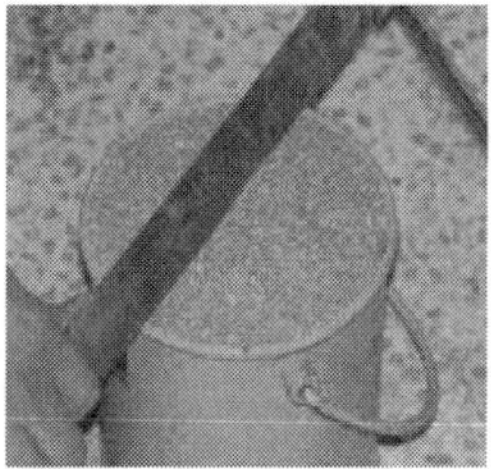
[사진 2.2.18] **잔골재 윗면 고르기**

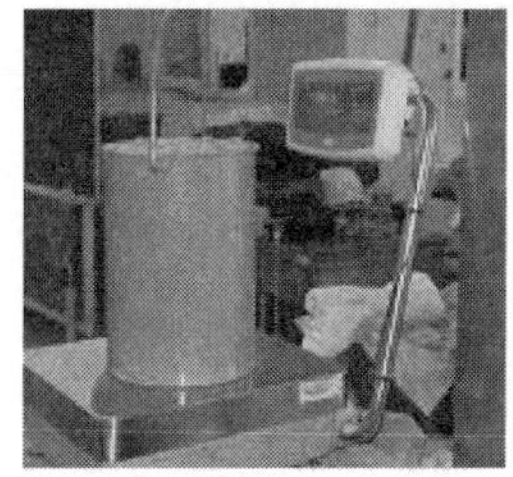
[사진 2.2.19] **질량 측정**

(2) 충격을 이용하는 방법(시료의 최대치수가 40mm 이상인 것에 적용)

① 용기에 시료를 1/3 채운다. 이때 용기를 시멘트 콘크리트 슬래브 같은 견고한 바닥 위에 놓고 용기의 한쪽을 50mm가량 기울인 상태로 떨어뜨려 충격을 받도록 하면서 각 층을 채운다.

② 이때 각 층의 다짐은 한쪽에 25회씩 번갈아가며 50회 떨어뜨려 다짐을 한다.

※ 굵은 골재의 치수가 커서 봉다짐이 곤란할 경우나 시료 손상의 우려가 있는 경우에 실시한다.

[사진 2.2.20] **50mm 기울임**

[사진 2.2.21] **충격다짐**

③ 용기의 윗면으로 튀어나온 골재는 용기의 윗면과 같도록 손가락이나 곧은날로 고른다.

④ 용기 안의 시료 질량(m_1) 및 용기의 질량(V)을 각각 0.01%까지 측정한다.

3.5 계산방법

1) 단위용적질량의 계산방법

$$T = \frac{m_1}{V} \text{ (주)}$$

여기에서 T : 골재의 단위 용적 질량(kg/ℓ)

V : 용기의 용적(ℓ)

m_1 : 용기 안의 시료 질량(kg)

(주) 기건 상태의 시료를 사용하여 시험을 하고, 함수율을 측정한 경우는 다음 식에 따른다.

$$T = \frac{m_1}{V} \times \frac{m_0}{m_2}$$

여기에서 m_2 : 함수율 측정을 위한 시료의 건조 전의 질량(kg)

m_0 : 함수율 측정을 위한 시료의 건조 후의 질량(kg)

※ 참고 : 표면건조상태(SSD)의 단위용적질량 계산방법
실제 현장에서는 표면건조상태(표건)의 단위용적질량이 더 많이 사용된다.

표면건조상태의 단위용적질량 계산은 다음 식에 의해 구한다.

$$M_{SSD} = M[1 + (A/100)]$$

여기에서 M_{SSD} : 표면건조상태의 단위용적질량(kg/ℓ)

M : 절대건조상태의 단위용적질량(kg/ℓ)

A : 골재의 흡수율(%)

2) 골재의 실적률 계산방법

$$G = \frac{T}{d_D} \times 100 \text{ 또는 } G = \frac{T}{d_S} \times (100 + Q)$$

여기에서 G : 골재의 실적률(%)

T : 1)에서 구한 단위용적질량(kg/ℓ)

d_D : 골재의 절건 밀도(kg/ℓ)

Q : 골재의 흡수율(%)

d_S : 골재의 표건밀도(kg/ℓ)

※ 참고 : 공극률은 다음 식에 의해 구한다.
공극률(%) = 100 − 실적률

3.6 시험결과

① 동일 시료로 동일 시험을 한 결과의 차이가 1% 이내이어야 한다.

② 2회 시험의 평균값을 시험값으로 한다.

③ 경량골재의 경우 강도가 약하므로 봉다짐보다는 충격다짐을 하는 것이 좋다.

4 굵은 골재의 밀도 및 흡수율 시험(KS F 2503 : 2019)

4.1 굵은 골재의 밀도 및 흡수율 시험에서 알아야 할 사항

(1) 흡수율(吸收率, absorption)

물체가 내부공극에 최대한 가질 수 있는 물의 무게를 순수한 물체의 무게로 나눈 백분율이다. 재료마다 고유값이 있다.

(2) 골재 중의 수분상태

골재의 함수상태는 그림 2.2.3과 같은 4가지 상태로 분류된다.

콘크리트 중의 대부분은 골재이므로 그 함수상태는 콘크리트의 품질관리상 매우 중요하다. 각종 골재의 흡수량 개략치는 표 2.2.14와 같다.

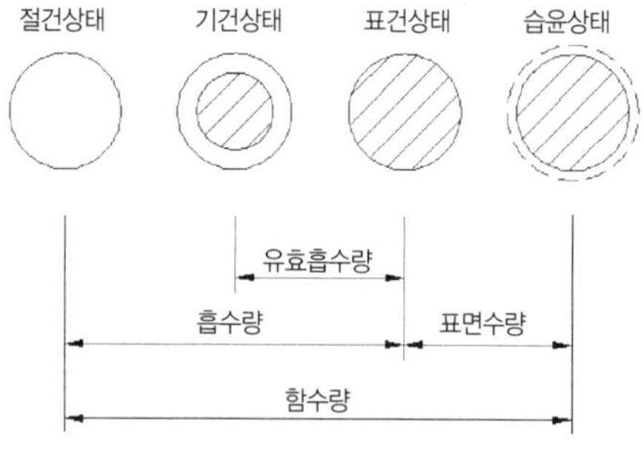

[그림 2.2.3] 골재의 함수상태

[표 2.2.14] 각종 골재의 흡수량 (단위 : %)

골재의 종별		잔골재	굵은 골재
보통골재		3~4	2~4
인공경량골재	조립형	4~11	2~9
	비조립형	7~14	6~11
천연경량골재		7~35	15~50

① 절대건조상태(absolute dry condition) : 105±5℃의 온도에서 중량변화가 없을 때까지(24시간 이상) 골재를 건조시킨 상태로서 절건상태(絶乾狀態)라고 한다.

② 공기 중 건조상태(room dry condition) : 실내에 방치한 경우 골재입자의 표면과 내부의 일부가 건조한 상태로서 기건상태(氣乾狀態)라고도 한다.

③ 표면건조포화상태(saturated surface dry condition) : 골재입자의 표면에 물은 없으나 내부의 공극에는 물이 꽉 차 있는 상태로서 표건상태(表乾狀態)라고도 한다.

④ 습윤상태(wet condition) : 골재입자의 내부에 물이 채워져 있고, 표면에도 물이 부착되어 있는 상태를 말한다.

4.2 굵은 골재의 밀도 및 흡수율 시험목적

콘크리트 중 골재가 차지하는 부피 계산에 필요한 배합설계 시 필요한 정수이다. 또한, 공극의 정도를 파악하여 골재의 양부를 판단할 수 있는 자료가 된다. 실제 배합 시 배합수의 비율과 관계 있으므로 콘크리트의 압축강도에 큰 영향을 미치게 된다. 지나치게 건조상태가 되면 배합수를 흡수하게 되므로 유동성이 나빠지게 되거나 어느 정도 유동성이 확보되더라도 강도는 좋아질 수 있지만 부피는 줄어든다. 반대로 수분이 너무 많으면 물시멘트비가 커져 콘크리트의 강도발현이 작게 될 수 있다. 또한 골재의 밀도가 너무 작고 흡수율이 크면 골재가 약해 필요강도를 가지지 못할 수도 있어 이를 판단하는 근거가 된다.

4.3 시험기구

- 저울 : 시료 질량의 0.1%까지 측정 가능.(저울 하부에 지름 3mm 이하의 금속선으로 철망태를 매달고 수중에 침지시킬 수 있는 장치가 있어야 한다.) 수중에 침지시킬 수 있는 적절한 장치
- 철망태 : 지름 3mm 이하의 철선으로 너비와 높이가 같도록 철선으로 제작함.(단, 철사 3mm 이하)

  골재의 최대치수가 40mm 이하인 경우 지름 약 200mm, 높이 약 200mm로

함. 골재의 최대치수가 40mm를 초과할 경우는 위 치수보다 커야 함.

망태를 침수시켰을 때 공기가 생기는 것을 방지하는 구조여야 함. 갇힌 공기를 제거할 수 있는 구조여야 함.

- **물탱크**: 저울에 매달린 철망태를 넣고 물을 넣을 수 있는 방수상태의 용기

[사진 2.2.22] **철망태**

- **흡수천**: 물에 침수되었던 굵은 골재를 공기 중에 꺼냈을 때 표면에 묻은 잉여수를 닦을 수 있는 흡수성이 뛰어난 천(천은 건조하고 부드러워야 한다.)
- **건조기**: 배기구가 있는 것으로 105±5℃로 유지할 수 있는 챔버
- **체**: 5mm 체 또는 KS A 5101-1에 적합한 다른 크기의 체로 함.

4.4 시료 준비

① **시료는** 5mm체에 남는 굵은 골재를 사분법 또는 시료분취기에 의해 충분한 분량이 확보될 때까지 나눈다.

② **시료의 양 결정**: 굵은 골재 최대치수(mm 표시)의 0.1배한 것에 kg단위를 붙인 양으로 한다. 단, 경량골재는 다음 식에 의해 양을 결정한다.

$$m_{\min} = \frac{d_{\max} \times D_e}{25}$$

단, $m_{\min}$: 경량 굵은 골재 시료의 최소질량(kg)

$d_{\max}$: 경량 굵은 골재의 최대치수(mm)

D_e : 경량 굵은 골재의 추정 밀도(g/cm^3)

③ **시료 준비**: 표면부의 이물질은 물로 완전히 제거하여 청정한 상태로 만든다. 솔이나 손으로 문질러 씻어야 부착된 미세먼지를 제거할 수 있으므로 통에 손을 넣고 수차례 문질러 씻어준다.

4.5 시험방법

(1) 골재의 습윤상태 만들기

① 준비된 굵은 골재를 철망에 집어넣은 상태로 물속에 담근다.

② 이때 기포(氣泡)가 골재의 표면에 붙어 있지 못하도록 흔들거나 가볍게 쳐서 진동을 일으킨다.

③ 이후 20±5℃에서 24시간 방치하여 수분을 충분히 흡수하도록 한다.

[사진 2.2.23] **습윤상태 골재**

(2) 수중질량(C)과 수온 측정

① 24시간 경과 후 20±5℃의 물속에서 측정한다.

② 이때 측정 전에 탱크 안의 물 양을 조정하여 망태의 윗면이 수면에서 바로 아래에 있는 정도를 유지하여야 한다. 너무 깊숙이 들어가면 물의 높이에 따른 밀도의 영향이 있으며, 망태가 일부 수면 위로 나와 있으면 망태의 영향이 있을 수 있으므로 주의하여야 한다.(사진 2.2.24~2.2.26)

③ 물이 들어 있는 탱크에 망태를 넣은 상태의 무게를 미리 0으로 조정(영점조정)하여 굵은 골재의 순수한 무게를 측정하도록 한다.

[사진 2.2.24] **수중 높이 조정**

[사진 2.2.25] **질량 측정**

[사진 2.2.26] **수면상태**

(3) 표건상태의 굵은 골재 질량 측정

① 철망태와 시료를 물속에서 꺼내어 물기를 털고, 흡수천을 이용하여 굵은 골재의 표면수를 제거한다.(사진 2.2.27, 2.2.28 : 표면건조상태)

② 표면건조포화상태의 골재 질량(B)을 측정한다.

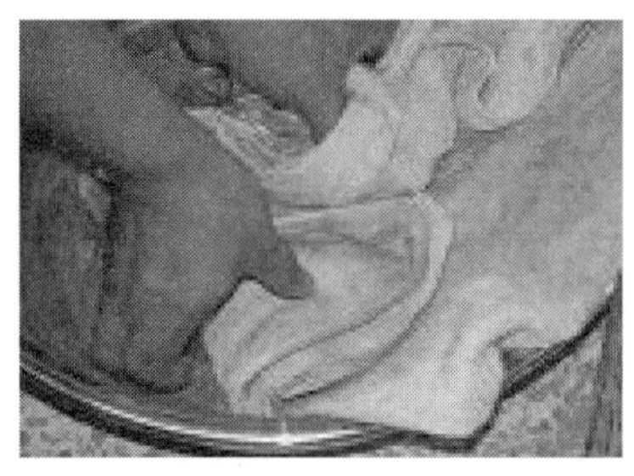

[사진 2.2.27] **표면수 닦기**

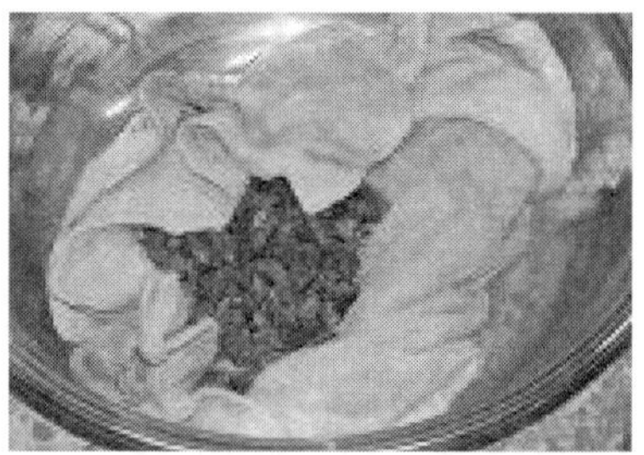

[사진 2.2.28] **표건상태**

(4) 절대건조상태의 굵은 골재 질량 측정

① 골재를 건조로에 넣고 105±5℃의 온도로 질량 변화가 없을 때까지 건조시킨다.

② 실온까지 냉각시킨다. 이때 골재가 식으면서 공기중의 수분을 흡수할 수 있으므로 습기를 흡수하지 않도록 밀폐되고 흡수제가 들어 있는 데시케이트에 넣어서 냉각시킨다.

③ 실온상태로 식은 절대건조상태의 굵은 골재의 질량(A)를 측정한다.

4.6 계산방법

계산은 굵은 골재의 표면건조포화상태의 밀도, 절대건조상태의 겉보기 밀도, 흡수율을 다음 식으로 구한다. 단, KS Q 5002에 의거하여 소수점 이하 둘째자리까지 계산한다. 셋째자리는 반올림한다.

1) 표면건조포화상태의 굵은 골재 밀도

$$D_s = \frac{B}{B-C} \times \rho_w$$

단, D_s : 표면건조포화상태의 굵은 골재 밀도(g/cm^3)

B : 표면건조포화상태의 굵은 골재 질량(g)

C : 시료의 수중질량(g)

ρ_w : 시험온도에서 물의 밀도(g/cm^3)

2) 절대건조상태의 굵은 골재 밀도

$$D_d = \frac{A}{B-C} \times \rho_w$$

단, D_d : 절대건조포화상태의 굵은 골재 밀도(g/cm^3)

A : 절대건조포화상태의 굵은 골재 질량(g)

3) 겉보기 밀도

$$D_A = \frac{A}{A-C} \times \rho_w$$

단, D_A : 겉보기 밀도(g/cm^3)

4) 흡수율

$$Q = \frac{B-A}{A} \times 100$$

Q : 흡수율(%)

이상의 시험을 2회 실시한 값을 평균한 것을 굵은 골재의 밀도 및 흡수율로 한다. 또한, 정밀도는 시험값이 평균값과의 차이가 밀도의 경우는 0.01g/cm^3 이하, 흡수율의 경우는 0.03% 이하일 때 인정한다.

단, 평균값을 다음과 같은 식으로 구할 수도 있다.

① 평균밀도

$$D = \frac{1}{\frac{P_1}{100D_1} + \frac{P_2}{100D_2} + \ldots\ldots + \frac{P_n}{100D_n}}$$

단, D : 평균밀도(g/cm^3)

$D_1,\ D_2,\ \ldots,\ D_n$: 각 측정 굵은 골재의 밀도(g/cm^3)

$P_1,\ P_2,\ \ldots,\ P_n$: 원시료에 대한 각 굵은 골재의 질량백분율(%)

② **평균흡수율**

$$Q = \left[\frac{P_1 Q_1}{100}\right] + \left[\frac{P_2 Q_2}{100}\right] + \ldots\ldots + \left[\frac{P_n Q_n}{100}\right]$$

Q : 평균흡수율(%)

$Q_1,\ Q_2,\ \ldots,\ Q_n$: 각 측정치의 흡수율(%)

$P_1,\ P_2,\ \ldots,\ P_n$: 원시료에 대한 각 측정치의 질량백분율(%)

5 잔골재의 밀도 및 흡수율 시험방법(KS F 2504 : 2020)

5.1 잔골재의 밀도 및 흡수율 시험목적

배합설계 시 콘크리트 중 골재가 차지하는 부피 계산에 필요한 정수이다. 또한, 공극의 정도를 파악하여 골재의 양부를 판단할 수 있는 자료가 된다. 굵은 골재와 마찬가지로 실제 배합 시 배합수, 즉 물시멘트와 크게 관련이 있어 콘크리트의 유동성 및 압축강도 등 성질에 큰 영향을 미치게 된다.

5.2 시험기구

- **저울** : 시료 질량의 0.1%까지 측정 가능(1kg 이상 측정, 끝달림 : 0.1g)
- **플라스크** : 유리로 된 형태로 용량을 ±0.1%까지 측정할 수 있어야 함.
  일반적으로 검정된 500mℓ의 용기를 사용함. 또한 검정된 용량을 나타내는 눈금까지의 용적은 시료를 넣는 데 필요한 용적의 1.5배 이상 3배 이하로 함. (사진 2.2.29)
- **원뿔형 몰드** : 윗지름 40±3mm, 밑지름 90±3mm, 높이 75±3mm, 두께 4mm 이상
- **다짐봉** : 질량 340±15g, 다짐면은 밑지름 23±3mm인 평평한 면이어야 함.
- **건조기** : 배기구가 있는 것으로 105±5℃로 유지할 수 있는 챔버

[사진 2.2.29] **측정용 플라스크**

[사진 2.2.30] **원뿔형 몰드**

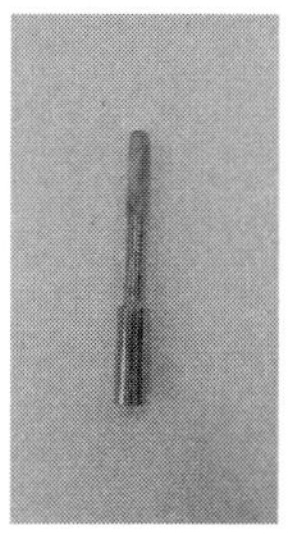

[사진 2.2.31] **다짐봉**

5.3 시료 준비

① 시료는 시료채취법(사분법 또는 시료분취기)에 따라 약 1kg의 잔골재를 준비한다.

② 시료 건조 : 105±5℃의 건조로에서 질량 변화가 없을 때까지 건조시킨다.

③ 무게 측정 : 절건상태에서의 무게를 측정하여 기록한다.

④ 시료의 함수 : 절건무게를 측정한 ②의 시료를 표건상태로 만들기 위해 24±4시간 물속에 담가둔다.(수온은 20±5℃로 최소한 20시간 이상 습윤상태 유지)

⑤ 표건상태 : 함수시킨 시료를 팬에 펼쳐 드라이어(따뜻한 온풍으로 건조)로 건조시킨다. 이때 시료를 뒤집고, 자주 만져 골고루 건조되도록 한다.(사진 2.2.36~2.2.38) 이때 스크래퍼로 모래의 층 표면을 긁어 점진적으로 말린다.

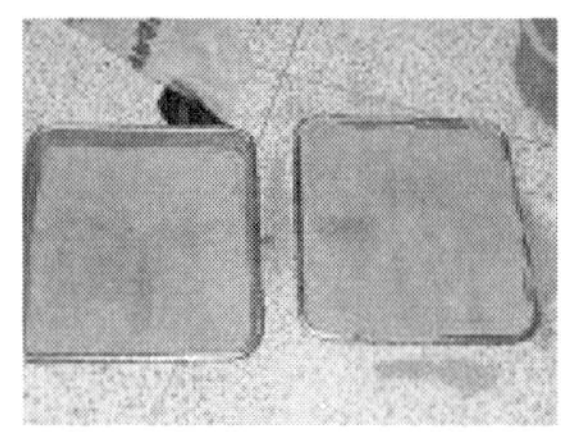
[사진 2.2.32] **시료 채취(사분법)**

[사진 2.2.33] **건조 (105±5℃)**

[사진 2.2.34] **절건무게 측정**

[사진 2.2.35] **침수**

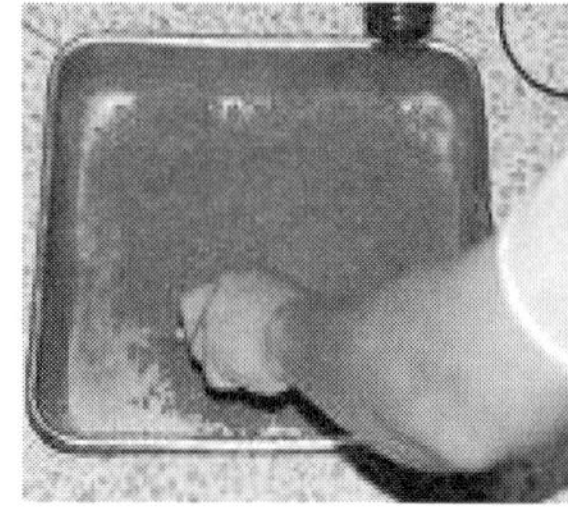
[사진 2.2.36] **시료 깔기**

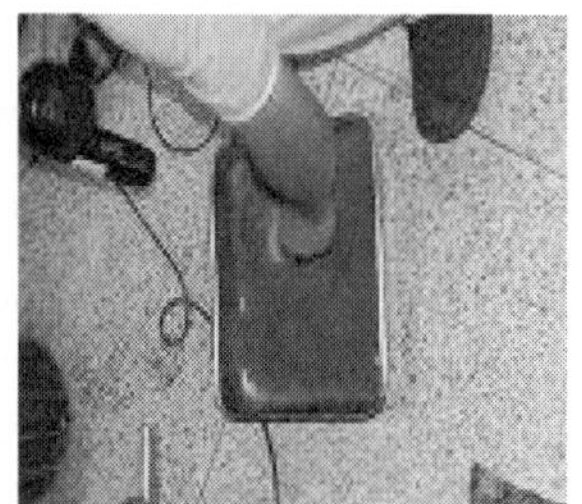
[사진 2.2.37] **온풍건조**

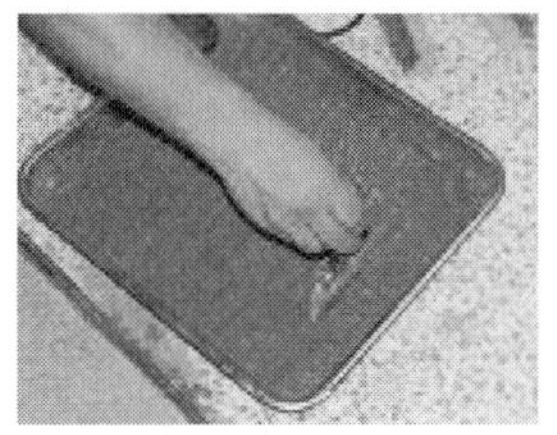

[사진 2.2.38] **뒤집기**

[사진 2.2.39] **가볍게 다지기**

[사진 2.2.40] **들어올리기 전**

⑥ **표건 시험**: 원뿔형 몰드와 다짐봉으로 표건상태를 검사한다.

- 위의 ④의 단위조작이 끝나면 시료가 표건상태인지를 평가한다.
- 잔골재를 표건검사용 원뿔형 몰드에 천천히 부어넣는다. 단, 1회에 다 넣고 윗면을 평활히 고른다.
- 다짐봉으로 힘을 가하지 않는 상태로 25회를 가볍게 다진다.
- 다짐한 후 남아 있는 공간을 다시 채우지 않고, 원뿔형 몰드를 수직으로 들어 올린다.
- 표건상태의 판정

  원뿔을 들어 올렸을 때 시료가 원형상태를 유지한다는 것은 표면수가 아직 남아 있다는 것이다. 또한, 몰드를 올릴 때 원뿔형태가 처음 흘러내릴 때를 표건상태로 판정할 수 있다. 다만, 최초 시험시 원뿔형태가 흘러내린다면 과도하게 건조되었을 것으로 의심할 수 있으므로 과건조로 간주한다. 이에 따라 더 건조시키거나(⑤조작 다시 시행) 과도하게 건조되었을 때는 다른 시료를 사용하여 ⑤ 조작을 다시 하거나, 본 시료에 물을 더 공급하고(스프레이로 소량 공급) 잘 혼합한 다음 30분간 밀폐시킨 후 다시 표건 작업을 한다.

⑦ **1회 시험 양**: 표건시료는 500g 이상.(단, 질량 측정 시 끝달림 : 0.1g)

5.4 시험방법

① 표건상태인 시료 500g을 정밀 측정하여 플라스크에 넣는다.(사진 2.2.41, 2.2.42) 이때 시료를 플라스크에 넣기 힘들므로 깔때기를 사용한다.

[사진 2.2.41] 시료 측정

[사진 2.2.42] 채우기

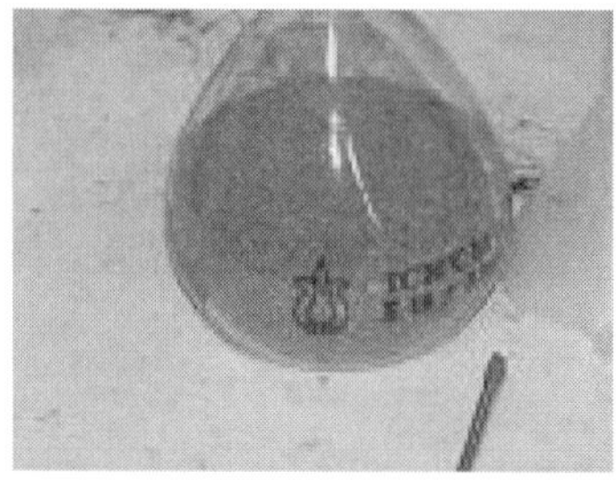

[사진 2.2.43] 플라스크 내의 시료 500g 상태

② 깔때기를 이용하여 플라스크에 물을 90% 정도 채운다. 플라스크의 500mg 눈금까지 채울 것이므로 90%라 함은 눈대중으로 450mg 정도를 말한다. 이는 시료 때문에 거품이 발생하여 양을 제대로 측정하기 어려우므로 우선 90%를 채우고 기포를 빼낸 후 정확히 양을 채우기 위함이다.(사진 2.2.44) 이때 물의 온도를 측정한다.

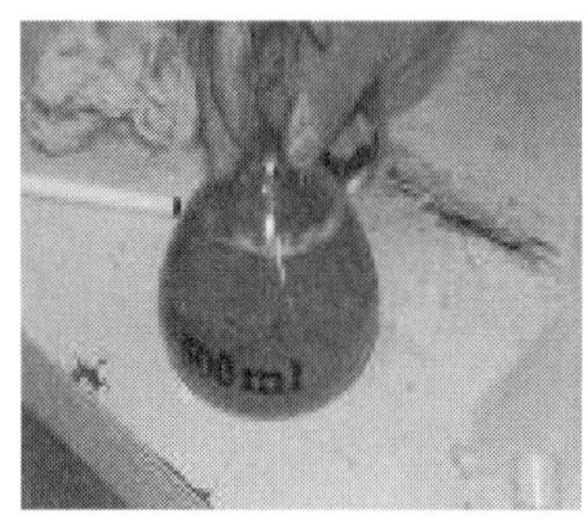

[사진 2.2.44] 플라스크의 90% 주수

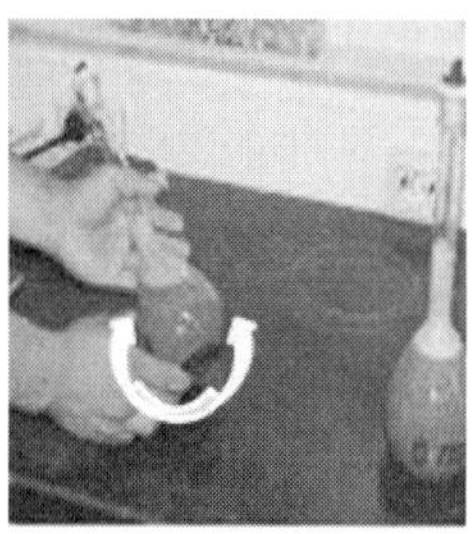

[사진 2.2.45] 흔들어 기포 빼기

[사진 2.2.46] 흔든 상태

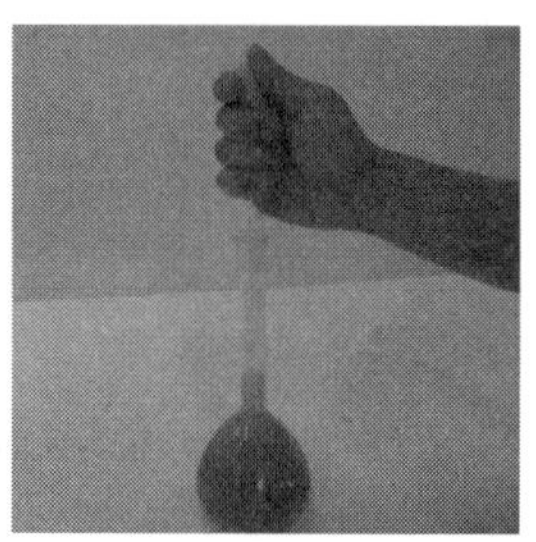

[사진 2.2.47] 거품 제거

[사진 2.2.48] **물채우기**

[사진 2.2.49] **물 채운 상태**

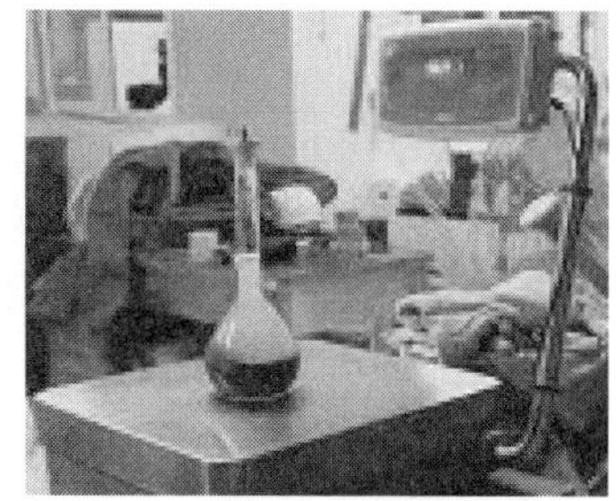

[사진 2.2.50] **시료의 질량 측정**

③ 플라스크의 물과 시료의 혼합물에서 공기가 남지 않도록 잘 흔들어준다.(사진 2.2.45) 한 손으로 플라스크 목 부분을 사진과 같이 잡고 다른 한 손으로 플라스크 구 부분을 감싸듯이 잡고 밀었다 당겼다 하면서 플라스크를 강하게 회전시켜 플라스크 내부의 시료와 물을 흔들어주어 내부의 기포가 흔들려 올라오도록 해준다. 이때 바닥재는 탄성질로 플라스크가 깨지지 않도록 해주고 기포가 더 이상 올라오지 않을 때까지 실시한다.

④ 플라스크 내의 거품이 생긴 것은 스포이드와 휴지 등으로 모두 제거한다.(사진 2.2.47)

⑤ 플라스크의 눈금(500mℓ 표시)까지 물을 넣어 채운다.(사진 2.2.48, 2.2.49)

⑥ 20±5℃의 항온조(물로 중탕한 상태)에 1시간 조정한 후 질량 측정(끝달림 : 0.1g), 즉 시료(처음 측정한 값), 플라스크(미리 측정)를 제외하면 20±5℃의 물의 질량(C)을 계산할 수 있다.(사진 2.2.50)

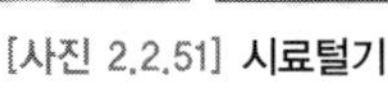

[사진 2.2.51] **시료털기**

[사진 2.2.52] **시료 상태**

⑦ 시료를 금속제 팬에 모두 빼넣는다.(사진 2.2.46~2.2.51) 이때, 플라스크 목이 좁아 잘 빠지지 않으므로 사진 2.2.51처럼 흔들고 밑면을 쳐서 빼낸다. 플라스크가 깨지지 않도록 주의한다.

일부 시료가 플라스크에 남지 않도록 잘 흔들어 시료팬에 쏟는다.

⑧ 플라스크의 검정용량까지 물을 넣고 그 질량(B)을 측정한다. 단, 물의 온도는 같게 한다. 앞 실험의 물온도 1℃를 초과해서는 안 된다.

⑨ 시료 팬의 상부 물을 따라 버리고 나머지 물은 105±5℃의 건조로에서 24시간 건조시킨다.

⑩ 24시간 이후 데시케이터에서 냉각시킨 후 질량(A)을 측정한다.(끝달림 : 0.1g)

5.5 계산방법

잔골재의 표면건조포화상태의 밀도, 절대건조상태의 밀도, 흡수율을 다음 식에 의해 구한다. 단, KS Q 5002에 따라 소수점 이하 둘째자리까지 계산한다.(셋째자리 반올림)

1) 표면건조포화상태의 잔골재 밀도

$$d_s = \frac{m}{B + m - C} \times \rho_w$$

여기에서 d_s : 표면건조포화상태의 밀도(g/cm^3)

m : 표면건조포화상태 시료의 질량(g)

C : 시료와 물로 검정된 용량을 나타낸 눈금까지 채운 플라스크의 질량(g)

B : 검정된 용량을 나타낸 눈금까지 물을 채운 플라스크의 질량(g)

ρ_w : 시험 온도에서 물의 밀도[주1)](g/cm^3)

주1) 순수한 물의 밀도는 15℃에서 0.9991g/cm^3, 20℃에서 0.9982g/cm^3, 25℃에서 0.997g/cm^{3}이다. 그 밖의 시험 온도에 대한 물의 밀도는 KS F 2308을 참고로 한다.

2) 절대건조상태의 잔골재 밀도

$$d_d = \frac{A}{B + m - C} \times \rho_w$$

d_d : 절대건조상태의 밀도(g/cm³)

A : 절대건조상태 시료의 질량(g)

3) 상대 겉보기 밀도

$$d_A = \frac{A}{B + A - C} \times \rho_w$$

d_A : 상대 겉보기 밀도(g/cm³)

4) 흡수율

$$Q = \frac{m - A}{A} \times 100$$

Q : 흡수율(질량백분율)(%)

이상의 시험을 2회 시험한 값을 평균한 것을 굵은 골재의 밀도 및 흡수율로 한다. 또한 정밀도는 시험값이 평균과의 차이가 밀도의 경우 0.01g/cm³ 이하, 흡수율의 경우 0.05% 이하인 경우를 인정한다.

CHAPTER

3 콘크리트(concrete)

1 콘크리트 관련 시험 및 실험

콘크리트라 함은 원론적으로 고강도의 골재를 결합재로 서로 굳힌 것으로 복합재료의 일종이다. 일반적으로 콘크리트는 골재로 자갈이나 모래를 사용하고, 결합재로서 시멘트를 사용한 것을 말한다. 기본적으로 골재는 굵은 골재로 강자갈을, 잔골재로 강모래를 사용하였으나 부존자원의 고갈로 현재는 굵은 골재로는 부순골재를, 잔골재로는 바닷모래가 가장 많이 사용되고 있다. 또한, 기존 콘크리트를 해체한 후 발생되는 폐콘크리트를 재처리하여 골재로 사용되는 순환골재 등이 연구되고 있다.

골재는 콘크리트의 60% 이상의 부피를 차지하고 큰 강도를 가지고 있는 것이 보통이다. 기타 특수콘크리트에는 중량골재, 경량골재 등으로 필요한 성능을 확보하기도 한다. 또한 많은 실험에서는 기존 콘크리트의 기능 추가와 성능 향상을 위하여 다양한 혼화재료 적용을 시험하고 있다. 이 경우에는 혼화재료의 특성에 따라 여러 기능의 다양한 성능이 발휘되므로 KS기준만으로는 그 실험을 모두 적용할 수 없다. 이러한 경우에는 실험과 관련된 기존 연구를 참고하여 실험방법을 적절히 변화시켜 적용하여야 한다. 여기서는 가장 일반적으로 제조되는 콘크리트를 대상으로 한 시험에 대해 설명한다.

현장의 콘크리트 관련 시험은 다음과 같은 목적으로 실시한다. 다음 사항은 건축법규와 시방서에 규정되어 시험의 실시 여부와 그 결과 자료 확보가 필요하다.

① **레미콘의 시공성 적부**: 슬럼프 측정 및 공기량 측정

② **콘크리트의 품질 확보에 관한 적부**: 압축강도 측정용 시험체 제작과 재령에 따른 압축강도 시험, 할렬 인장강도 측정 등

③ 중간검사나 준공검사에 필요한 시험으로 자료 확보가 필요하다.

④ 현장의 특수 상황에 따라 현장 시험실의 양생조에서 양생하지 아니하고, 현장에 방치하여 양생시키는 경우도 있다. 이 경우에는 콘크리트의 부피 차이에서 오는 오차 등을 감안하여야 한다.

또는 실험실이나 현장에서 소요의 품질에 관련된 실험을 할 때도 관련된 실험법은 같으므로 다음과 같은 방법을 적용한다.

현장에서는 압축강도가 매우 중요한 품질관리 항목이며, 특히 7일 강도는 콘크리트의 강도관리에 있어서 28일 강도의 70% 정도가 나오므로 매우 중요한 항목으로 측정, 검토하여야 한다. 일반적으로 1개 층의 시공에는 7일 이상이 걸린다고 가정하면, 7일 강도는 타설된 콘크리트의 설계 압축강도의 발현 여부를 미리 알아볼 수 있는 좋은 항목이다.

현장에서의 시험은 대부분 레미콘을 대상으로 하지만, 학교나 연구소의 실험실에서 시험을 할 때는 레미콘으로 시험할 수 없다. 따라서 여기서는 재료의 선정, 투입, 비빔 등을 거쳐 소요의 시험까지를 설명한다. 이때 콘크리트를 비비기 위해서는 믹서에 투입될 각 재료의 양이 필요한데, 콘크리트 1m^{3}를 만드는 데 필요한 각 재료의 부피와 무게를 계산하는 것을 배합설계라 한다. 일반적으로 배합설계는 본 장의 앞에서 기술된 시멘트의 압축강도, 골재의 물성 등 자료를 바탕으로 한다. 배합설계 방법은 국가별로 조금씩 다르며, 그 배합설계 시에 적용되는 각종 자료값이 다르다. 본 장 이하에서는 현장실험을 기본으로 하므로 여기서는 시료를 만드는 법에 대해 기술한다.

⑤ 특이사항

- 본 장은 KS를 기준으로 기술하므로 현장의 특수한 환경이나 조건에 따라 실험방법의 보완이나 변경이 있을 수 있다.
- 실험기기 및 기구는 KS에 맞게 제조된 것을 사용한다.
- 시험에 사용되는 재료의 종류 및 특성에 따라 다른 방법을 적용시켜야 하는 경우도 있다.

2 시험실에서 콘크리트 시료를 만드는 방법 (KS F 2425 : 2017)

2.1 콘크리트의 제조방법에 대한 규정 목적

콘크리트의 각종 성능 및 품질검사를 위한 시험체를 만드는 방법을 규정하지 않을 경우 콘크리트에 관련한 성능치의 비교, 검토를 객관적으로 할 수 없다. 예를 들어, 시험체 제작 시 몰드에 콘크리트를 넣고 다짐할 때 그 횟수와 다짐 시의 깊이 등이 다르면 압축강도와 비중 흡수율 등도 달라진다. 또한, 양생 시 온습도 조건의 경우에는 온도와 습도 및 재령에 따라 강도발현이 큰 차이가 난다. 따라서 그 시험체의 제작방법과 양생, 강도 시험법까지 그 성능에 영향을 줄 수 있는 조건에 대해 각 규정을 하고 있다. 일반적으로 콘크리트의 실험은 제조방법에 관련된 내용 숙지는 실험의 양부에 영향을 미칠 수 있는 중요한 요소이다. 다만, 현장의 레미콘 경우 이 내용은 크게 중요하지 않다.

2.2 시험기구

- 저울 : 시료 질량의 0.1%까지 측정 가능(30kg 이상 측정, 끝달림 : 0.1g)
- 그릇 : 배합재료를 계량하고 담아둘 그릇(여러 용량의 불투수성, 비흡수성 재료로 제조된 것)
- 몰드 : 시험 종류에 따라 압축몰드, 휨몰드 등으로 구분하여 준비
- 다짐봉 : 앞 끝은 반구 모양으로 한 지름 16mm, 길이 약 500~600mm의 환형강으로 한다.
- 믹서 : 가경식 또는 강제식의 2종류가 있다.(사진 2.3.1은 강제식 믹서)
- 시료팬 : 믹서로 비빈 것을 삽으로 다시 섞을 수 있는 강제 팬
- 비커 등 : 용액의 부피 측정용으로 중량 측정으로(4℃ 물을 기준으로) 부피를 검증한 후 사용한다. 또는 가능한 모든 재료를 중량으로 계량하여 사용한다.

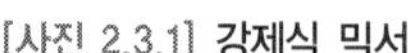

[사진 2.3.1] **강제식 믹서**

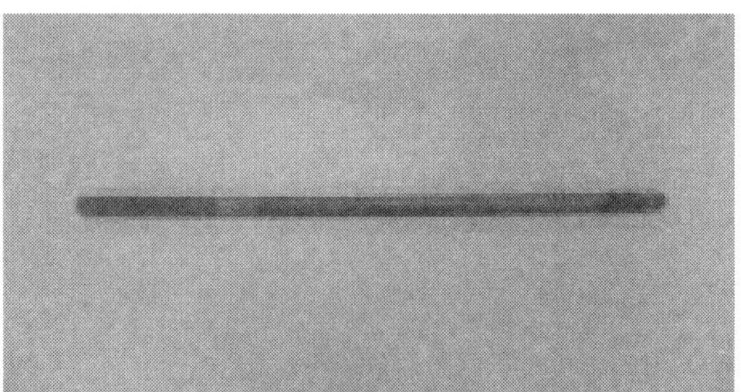

[사진 2.3.2] **다짐봉**

2.3 재료 준비

콘크리트 비빔에 사용하는 재료는 각 재료별 특성에 따라 보관한다.

① **시멘트** : 수분 및 습기에 노출되지 않도록 하여야 한다. 또한, 눌려서 덩어리지지 않도록 한다.

② **재료 상태** : 20±3℃ 및 상대습도 60%의 상태에서 장시간 있을 수 있는 상태로 유지하여 혼합시 사용할 수 있도록 하는 것이 좋다.

③ **골재의 함수** : 가능한 표건상태를 유지하여야 한다. 또한, 입도분포가 각 배치마다 일정하도록 골고루 혼합되어 있어야 한다.

2.4 혼합 시 주의사항

① 콘크리트를 혼합하는 실험실의 실내 환경은 다음과 같다.
온도 : 20±3℃, 상대습도 : 60%

② 콘크리트는 기계식 믹서를 사용하여 혼합한다.

③ 1회의 혼합량은 다음과 같다.

- 혼합된 콘크리트로 강도 시험을 할 때는 배합된 콘크리트의 양은 최소 20ℓ 이상이 되어야 한다.
- 공기량 시험을 병행할 때는 강도 시험 등에 필요한 양보다 굵은 골재 최대치수에 따라 25mm 이하의 경우는 6ℓ 이상, 80mm 이하의 경우는 12ℓ 이상 많게 한다.

- 슬럼프 시험을 병행할 때는 시험에 필요한 양보다 5L 이상 많게 한다.
- 믹서 공칭용량의 1/2보다 많고 공칭용량을 초과하지 않도록 한다.
- 일반적으로 시험 시 손실되는 양이 있으므로 10% 증량한다.

④ 시험하는 같은 배합비의 콘크리트를 소량 준비해서 미리 믹서에서 혼합시켜 믹서에 모르타르분이 부착된 상태로 본 혼합을 한다.

⑤ 혼합시간은 믹서의 용량, 형식, 콘크리트 배합 등에 따라 다르지만, 일반적으로 가경식 믹서는 3분 이상, 강제식 믹서는 1분 30초 이상 혼합하는 것이 좋다.

2.5 혼합의 예

여기서는 보통콘크리트를 비비는 것으로 하여 설명한다.

① 혼합하기 위해서 각 재료를 준비한다.
1회의 비빔 시험 때뿐만 아니라 수차례 비빔 시험 때는 칠판 등에 배합표를 작성하여 비빔 시 필요한 재료량이 정확히 선택 계량이 되도록 한다. 비빔은 실험의 오차를 줄이기 위해 실험 시 온도, 습도를 기록하고 배합을 무작위로 선택 비빔한다.

② 우선, 각 재료를 계량할 용기를 먼저 저울에 놓고 용기무게를 제하거나(용기버튼 누름) 측정하여 둔다.(사진 2.3.3, 2.3.4)

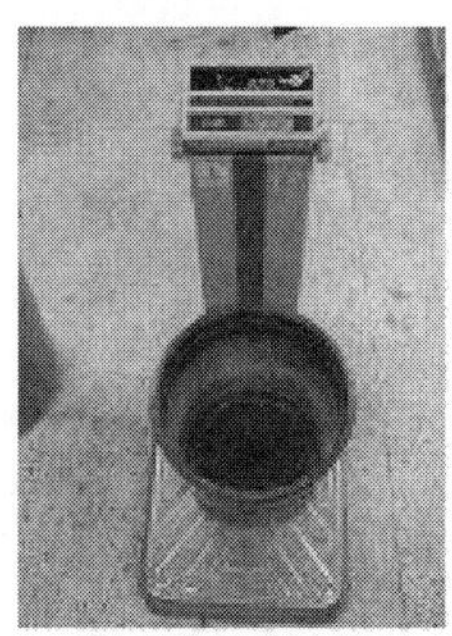
[사진 2.3.3] **용기만 측정**

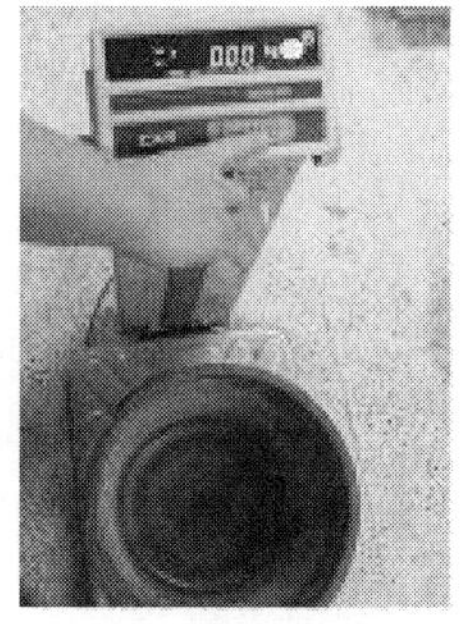
[사진 2.3.4] **용기 중량 제함**

③ 다음 필요 중량만큼 계량한다.(시멘트, 모래, 자갈, 물 : 사진 2.3.5~2.3.8)

④ 믹서에 자갈, 모래, 시멘트를 순서대로 넣고 1분 가량 건비빔한다.(사진 2.3.9~2.3.12) 이때 골재들은 표건상태이므로 건비빔이 끝날 무렵에는 시멘트나 먼지가 날리는 것은 비교적 적다. 즉 골재 표면에 시멘트가 달라 붙어 있는 상태가 된다.(시멘트 양에 따라 다르지만, 적정 비빔 현상임)

[사진 2.3.5] **시멘트 중량 측정**

[사진 2.3.6] **모래 중량측정**

[사진 2.3.7] **자갈 중량측정**

[사진 2.3.8] **배합수 중량 측정**

[사진 2.3.9] **자갈 넣기**

[사진 2.3.10] **모래 넣기**

[사진 2.3.11] **시멘트 넣기**

[사진 2.3.12] **건비빔**

⑤ 다음 믹서를 돌리면서 배합수를 조금씩 나눠 30초 이내에 부어넣는다.(사진 2.3.13)

⑥ 배합수의 투입이 끝나면 1분 이상 혼합을 계속 한다.(사진 2.3.14)

⑦ 혼합이 끝나면 믹서의 아래쪽 문을 열고 믹서를 가동하여 미리 준비한 혼합 팬(시료판)으로 방출시킨다. 이때 믹서 내부에 남아 있는 모르타르 분을 흙손 등으로 긁어낸다.(사진 2.3.16, 2.3.18) 강제식 믹서의 운전은 흙손으로 긁어내는 사람이 하도록 한다. 이는 믹서 운전을 다른 사람이 하게 되면 사고의 위험이 있기 때문이다. **믹서의 회전속도가 느려보여 주의하지 않을 경우 옷이나 장갑 등이 믹서의 회전날에 걸려 다칠 수 있으므로 주의한다.**

⑧ 혼합 팬(시료판)은 믹서와 같이 혼합할 콘크리트와 같은 배합의 콘크리트로 발라져 있어야 한다. 받아낸 콘크리트는 삽으로 균질하도록 다시 혼합한다.(사진 2.3.19)

[사진 2.3.13] **배합수 넣기**

[사진 2.3.14] **비빔**

[사진 2.3.15] **방출준비**

[사진 2.3.16] **방출**

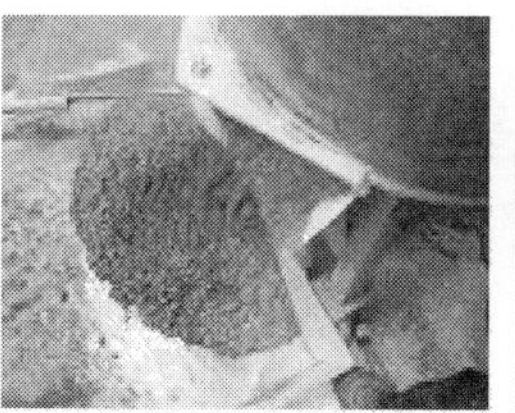

[사진 2.3.17] **넘침주의**

[사진 2.3.18] **긁어내기**

[사진 2.3.19] **재혼합**

2.6 콘크리트 혼합 시 기재 및 보고사항

1) 시험의 일반사항

① 시험목적

② 배치 번호

③ 시료 제작 연월일(시작시각 및 완료시각)

④ 시험자

⑤ 시험장소

⑥ 시료의 종류

2) 시험결과에 미치는 영향에 대한 내용

① 시험실의 온도, 습도

② 사용재료의 명칭, 종류, 제조사 또는 산지(제조 일시 등)

③ 사용재료의 온도

④ 골재의 최대치수

⑤ 골재의 입도 및 밀도

⑥ 골재의 흡수율 및 함수율

3) 콘크리트 배합사항

4) 믹서의 종류, 용량 한 배치당 혼합량 및 혼합시간 등

5) 재료 투입순서

6) 혼합된 콘크리트의 온도

3 굳지 않은 콘크리트의 시료 채취방법(KS F 2401 : 2017)

본 절은 실험법을 설명하는 것이라기보다는 콘크리트 관련 실험 시 사용하게 되는 콘크리트 채취 시 그 방법과 기타 콘크리트를 다루는 방법에 대한 주의사항이나 제재사항 등을 설명한 장이다. 이는 현장에서 실험 및 시험하기 위한 콘크리트를 직접 비벼 그 양으로 제작하는 것이 아니라 레미콘이나 현장 배치플랜트 또는 펌프된 후의 상태 등에서 시료를 채취한다. 이 채취한 시료를 가지고 슬럼프 시험이나 공기량 시험 및 시험체를 제작한다. 따라서 채취 부위나 양 또는 시기에 따라 그 결과에 차이가 발생할 수 있으므로 주의가 필요하다. 본 절에서는 채취방법에 대한 내용과 이때의 주의사항 및 다른 시험 또는 실험 시 주의할 내용이 설명한다.

3.1 주의사항

① 채취한 분취 시료를 모아 똑같아질 때까지 삽, 스코프, 흙손 등으로 비빈 것을 시료로 사용하며, 비빔이 끝난 직후 곧 시험에 사용한다.

- 분취 시료 : 시험하고자 하는 콘크리트의 균일성을 얻기 위해 위치상 다른 곳에서 채취한 각각의 시료를 말하며, 가능한 그 양이 같도록 채취한다.
- 콘크리트 품질의 불균질을 시험하는 경우에는 무작위로 시료를 다수 채취하는 경우 분취 시료를 그대로 시료로 사용해도 무방하다.
- 시료는 비흡수성 재료로 만든 용기에 넣고 일광, 바람 등의 환경요소에 의해 영향을 받지 않도록 신속히 처리하여야 한다.
- 시험의 종류에 따라 일정 크기 이상의 굵은 골재를 체질하여 제거하고 시료로 사용할 수 있다. 이 경우는 50mm, 40mm 체로 걸러 사용한다.

  ※ KS A 5101-1에 규정하는 시험용 망체는 53mm 및 37.5mm이다.

② 시료의 양은 20ℓ 이상으로(슬럼프 시험을 할 때는 시험에 필요한 양보다 5ℓ 이상 많아야 함) 한다. 이는 믹서에 비벼지는 양이 너무 적으면 미리 같은 배합의 모르타르가 발라져 있다고 하여도 믹서 등에 의해 없어지는 모르

타르 양이 많아져 시험해야 하는 콘크리트의 성질에 큰 영향을 미치기 때문이다. 또한 믹서에서 제대로 비벼지지도 않으며, 기타 다른 영향에 의한 오차가 크게 나올 가능성이 있기 때문이다. 특히, 5ℓ 이상 많아야 하는 이유는 용기의 사용, 기구의 사용, 몰드 등에 담는 과정에서 떨어뜨리는 것이나 다짐 시 떨어지는 것, 몰드에 담을 때 소복히 하여 나중에 밀어내는 양 등을 모두 고려하여 나온 것이다. 단, 분취 시료를 그대로 시료로 사용하는 경우에는 20ℓ보다 적어도 상관없다.

3.2 장소별 시료 채취방법

① 시험목적에 부합하도록 위치를 정하여 시험 대상 콘크리트의 성질을 가능한 나타낼 수 있는 부위로 3개소 이상에서 채취하도록 한다.

- 믹서에서 채취하는 경우 : 믹서 방출 중간 부분에서 콘크리트 흐름 중 3개소 이상 채취(재료분리된 시료를 채취하지 않도록 주의)
- 믹서 내부에서 채취하는 경우 : 믹서를 멈추고 셔블로믹서 내부의 3개소에서 채취
- 1배치를 용기에 넣어서 그중 3개소 이상에서 채취

② **트럭애지테이터에서 채취하는 경우** : 콘크리트가 배출되는 중 재료분리가 되지 않은 것을 확인한 것들로 일정간격으로 3회 채취한다. 단, 초기와 끝에서 채취하지 않도록 한다. 30초간 고속으로 회전한 후 최초로 배출되는 콘크리트(50~100ℓ)를 제외하고 채취할 수 있다.

③ **콘크리트 펌프에서 채취하는 경우** : 배관통의 트럭애지테이터 1대분 또는 1배치 양의 콘크리트 흐름의 전 횡단면에서 규칙적인 간격으로 3회 이상 채취 또는 쌓여진 콘크리트 덩어리에서 3개소 이상 채취

④ **호퍼 또는 버킷에서 채취하는 경우** : 토출되는 중간 부분의 콘크리트 흐름 중 3개소 이상 채취한다.

⑤ **덤프트럭에서 채취하는 경우** : 트럭 화물대의 중앙부로 3개소 이상에서 윗면의 콘크리트를 제외하고 채취하거나 배출된 더미의 3개소 이상에서 채취한다.

⑥ **손수레에서 채취하는 경우** : 다져넣는 위치에 되도록 가까운 곳에서 1배치의 중

앙 부분의 콘크리트를 운반하는 손수레 중 3대 이상에서 채취한다.

⑦ **타설한 곳에서 채취하는 경우**: 콘크리트를 형틀에 넣은 직후 다지기 전의 콘크리트 3개소 이상에서 삽을 사용하여 채취한다.

4 콘크리트의 슬럼프 시험방법(KS F 2402 : 2017)

4.1 콘크리트의 슬럼프 시험에서 알아야 할 사항

1) 슬럼프(slump)

콘크리트의 묽은 정도를 나타내는 용어이다. 상단의 안지름이 100mm, 하단의 안지름이 200mm, 높이가 300mm인 슬럼프 콘(slump cone)에 3층으로 콘크리트를 채워서 콘을 위로 빼낸 후에 콘크리트가 자중과 묽기에 따라 내려간 치수를 mm로 나타낸다. 슬럼프 값이 클수록 반죽질기가 묽은 콘크리트이다.

2) 슬럼프 시험(slump test)

콘크리트의 묽은 정도를 시험하는 방법의 하나이다. 워커빌리티 평가기준의 하나가 된다. 슬럼프 값은 굳지 않은 콘크리트의 성질 중 반죽질기(consistency) 평가 기준이다.

> ※ 굵은 골재의 최대 치수가 40mm를 넘는 콘크리트의 경우에는 40mm가 넘는 굵은 골재를 제거한다.

3) 굳지 않은 콘크리트 성질

① 반죽질기(consistency) : 주로 수량(水量)의 많고 적음에 따라 반죽이 되고 진 정도를 나타내는 굳지 않은 콘크리트의 성질을 말한다. 반죽질기를 컨시스턴시라고도 한다. 콘크리트의 반죽질기는 단위수량이 많을수록 커지고 콘크리트의 온도가 높을수록 작아진다. 반죽질기는 보통 슬럼프 시험에 의한 슬럼프 값으로 표시되는 것이 일반적이다.

② 워커빌리티(workability) : 반죽질기 여하에 따른 작업의 난이도 및 재료분리에 저항하는 정도를 나타내는 굳지 않은 콘크리트의 성질을 말한다. 일반적으로 워커빌리티의 양부는 반죽질기에 의해 좌우되는 경우가 많다. 보통 묽을수록 워커빌리티가 좋다고 하는 경우가 많으나 반죽질기가 너무 좋아도 재료 분리 측면에서는 워커빌리티가 나빠지므로 워커빌리티의 평가는 경험에

기초를 둔 판정이 중요하다.

또한 같은 반죽질기(consistency)를 가진 콘크리트라 하여도 콘크리트 타설 환경, 즉 거푸집의 형상, 철근배근 간격, 철근 종류, 기타 작업환경에 따라서도 워커빌리티는 달라질 수 있다. 워커빌리티는 복잡한 성질로서 영향을 주는 요인은 상당히 많지만 그 중에서 주된 요인이라고 생각되는 것은 시멘트의 양, 시멘트의 품질, 단위수량, 잔골재 및 굵은 골재의 입도와 입형, 배합, 혼화재료, 비빔 등을 들 수 있다.

③ 워커빌리티를 정확하게 측정하는 방법이 아직도 확립되어 있지 않아 워커빌리티를 정량적으로 나타내지는 못하고 있으며, 재료분리가 일어나지 않는다는 전제하에 대표하는 경우가 많다. 워커빌리티 측정방법으로 여러 나라에서 가장 많이 사용되고 있는 것이 슬럼프 시험(slump test)이다. 슬럼프 시험방법은 한국산업규격(KS F 2402)에서 정하고 있는 포틀랜드시멘트 콘크리트의 슬럼프 시험방법에 따른다.

④ 슬럼프 시험방법은 다음과 같으며, 슬럼프 값(slump value)은 콘에 다져넣은 높이에서 콘을 벗겨 콘크리트가 무너져 내린 높이를 mm로 표시한 것이다. 이 슬럼프 값이 큰 것일수록 반죽질기가 좋은 콘크리트이다. 그러나 콘크리트의 반죽질기는 작업에 알맞은 범위 내에서 될 수 있는 한 슬럼프 값이 작은 것이어야 한다.

[표 2.3.1] **표준 슬럼프 값** (단위 : mm)

장소	진동다짐이 아닐 때	진동다짐일 때
기초, 바닥판, 보	150~180	50~100
기둥, 벽	180~210	100~150

4.2 콘크리트의 슬럼프 시험목적

아직 굳지 않은 콘크리트의 성질 중 시공성(workability)을 확보하기 위해서는 콘크리트의 묽기와 더불어 재료분리 저항성 등이 있어야 한다. 이 중에서 콘크리트의 묽기(consistency) 정도를 알기 위한 시험방법이다.

4.3 시험기구

- 슬럼프 콘: 비흡수성 재질로 대부분 금속제로 만들며, 그 크기와 형상은 다음과 같다.
  - 윗면의 안지름 : 100mm
  - 밑면의 안지름 : 200mm, 높이 : 300mm
  - 사용 금속의 최소두께 : 1.5mm 이상, 부식되지 않아야 하고 변형되지 않을 것.
  - 콘의 약 2/3지점에 손잡이를 달고 아랫 면에 발판을 달아 콘크리트 타설할 때 밑으로 흘러나오지 않게 밟아 밀착시킬 수 있고, 슬럼프 콘을 들어올리기 편하게 한 것.
- 슬럼프 판: 50×50cm의 비흡수성 재질로 대부분 금속판으로 만듦.
- 다짐봉: 금속제 막대기로 다짐쪽은 반구형으로 지름 16mm, 길이 500~600mm로 된 것.
- 슬럼프 측정자: 위에서부터 낮아진 높이를 잴 수 있게 되어 있으며, 고정핀이 있어 측정높이를 고정시켜 들거나 이동하여 읽을 수 있도록 되어 있음.
- 기타: 흙손, 시료 삽 등

4.4 시험방법

① 슬럼프 측정 준비는 금속제 판과 슬럼프 콘 및 다짐봉을 젖은 수건으로 닦아놓는다. 이는 금속제 시험판과 슬럼프 콘의 표면에 콘크리트가 달라붙거나 표면수 마름을 방지하기 위한 것이다.(사진 2.3.20, 2.3.21)

② 수평하게 금속판을 놓고 슬럼프 콘을 그 위에 놓은 후 한 명이 발받침을 밟아 콘크리트가 새어나오지 않도록 주의한다.(사진 2.3.22)

③ 콘크리트를 채워 넣을 때는 시료를 거의 같은 양의 3층으로 나눠서 채운다. 각 층은 다짐봉으로 25회씩 다짐한다. 단, 재료분리의 위험이 있을 시는 다짐 수를 재료분리가 생기지 않는 정도로 줄일 수 있다. 이 경우는 이 사실을 명기해야 한다.(사진 2.3.23~2.3.26) 또한 각 층을 다질 때 다짐봉의 다짐 깊이는 아래층에 거의 도달할 정도로 한다.

[사진 2.3.20] **밑판 청소**

[사진 2.3.21] **콘 준비**

[사진 2.3.22] **콘 고정**

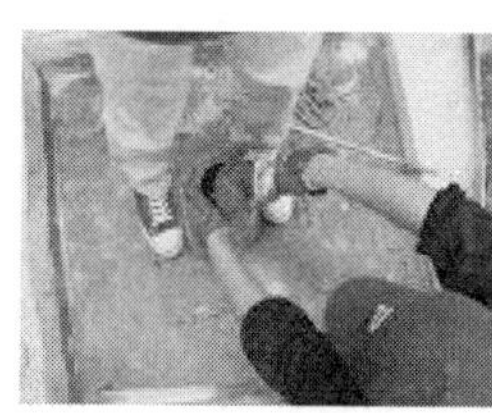

[사진 2.3.23] **타설**

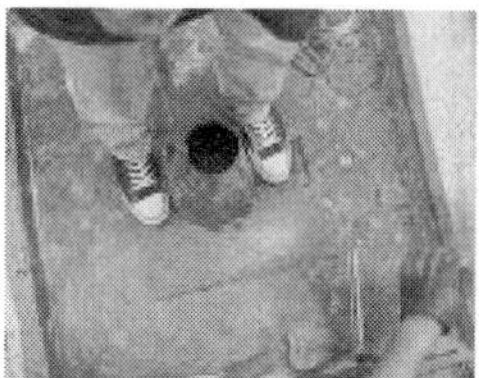

[사진 2.3.24] **다짐**

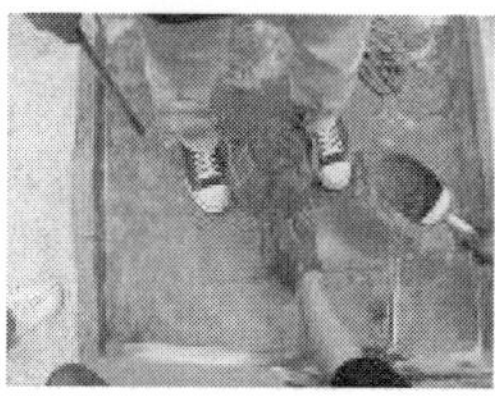

[사진 2.3.25] **3층 타설**

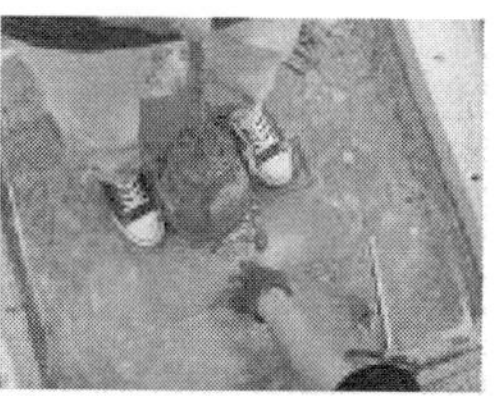

[사진 2.3.26] **3층 다짐**

④ 3회에 걸친 타설과 다짐이 끝나면 슬럼프 콘의 상단면을 흙손으로 고르게 맞춰준다.

⑤ 슬럼프 콘 양쪽 손잡이를 잡고 연직으로 들어 올린다. 이때 300mm를 2~3초 정도의 속도로 들어 올린다.(사진 2.3.27, 2.3.28) 콘이 콘크리트면과 닿는 경우 콘크리트가 옆으로 쓰러지거나 슬럼프 값이 변할 수 있다. 또한 슬럼프 콘을 너무 빨리 들어 올릴 경우 무너지는 콘크리트의 슬럼프값이 다소 크게 나오며, 너무 늦게 들어 올릴 경우는 콘크리트의 무너짐이 느려져 슬럼프값이 다소 작게 나오게 된다.

⑥ 슬럼프 측정자로 무너져 내린 높이를 측정한다.(사진 2.3.29) 이때 측정 위치는 중앙부를 기준으로 하며, 5mm 단위로 측정한다. 즉 300mm 높이를 기준으로 하여 콘크리트의 최상위점까지 거리를 측정한다.

⑦ 슬럼프 시험 후 콘크리트가 중심에서 많이 치우쳐 무너지거나 불균형한 형태가 되면 다른 시료로 재시험을 한다.

⑧ 슬럼프 콘을 채우기 시작하여 들어올리기까지 3분 이내에 시험하여야 한다.

[사진 2.3.27] **들어올릴 준비**

[사진 2.3.28] **들어올리기**

[사진 2.3.29] **슬럼프 측정**

5 압력법에 의한 굳지 않은 콘크리트의 공기량 시험방법(KS F 2421 : 2021)

5.1 콘크리트의 공기량 시험에서 알아야 할 사항

1) 공기량(空氣量, air content)

콘크리트 속에 함유된 공기 거품의 용적 백분율을 나타낸다. AE콘크리트의 표준 공기량은 3~4%이다.

2) 연행공기(連行空氣, entrained air)

AE제를 혼합함으로써 콘크리트 속에 함유된 지름 0.025~0.3mm의 미세(微細)한 독립기포를 말한다. 콘크리트의 유동성, 동결융해 저항성 등의 콘크리트 성질을 보완하기 위해 일정량을 생성시킨다.

3) 갇힌 공기(-空氣, entrapped air)

혼화제를 가하지 않은 콘크리트에서 비빌 때 들어가는 기포를 말한다. 일반적인 콘크리트에서는 1% 전후의 공기가 포함된다.

공기량은 보통콘크리트에서는 1% 정도이지만 AE제 또는 AE감수제를 사용하여 4~6% 범위의 값을 표준으로 하고 있다. 공기량을 증가시키면 콘크리트 강도가 저하(공기량 1%당 압축강도 3~4% 감소)하기 때문에 과다한 사용은 금한다. 일정량의 AE제 또는 AE감수제를 사용한 경우에 연행되는 공기량은 일반적으로 물시멘트비가 클수록, 슬럼프값이 클수록, 시멘트의 분말도가 적을수록, 단위골재량이 많을수록, 콘크리트의 온도가 낮을수록 증가한다.

5.2 콘크리트의 공기량 시험목적

콘크리트는 경화 후 동결융해작용을 받게 되므로 이에 대해 저항하고자 하여 내부에 3~5%의 공기를 함유시킨다. 온도에 의한 부피변화 등에도 대응시키기 위한 목적도 있다. 이를 만족시키기 위해 일정 공기량(연행공기 : entrained air)을 생성시켜 준다. 일반적인 콘크리트에는 1% 정도의 공기(대부분 거대기포 : entrapped air-직경 1mm 이상)가 존재한다. 공기량 증가는 압축강도의 저하를 가져오므로 정확한 양의 첨가가 중요하다. 측정법으로는 KS F 2409의 질량법이 있으나 시험자의 숙련도 및 시험장소의 환경에 따라 측정 정밀도를 보장하기가 어려운 점이 있다. 따라서 KS F 2421에 따른 압력법을 주로 현장에서 사용하고 있고, 이 압력법은 물을 넣는 시험방법(주수 시험)과 물을 넣지 않고 공기의 압력만으로 시험하는 방법(무수 시험)이 있다. 이 중에서 현장에서 많이 사용하는 무수 시험을 중심으로 내용을 설명하였다. 단, 경량골재와 같이 다공질 골재를 사용하였을 경우에는 다른 방법으로 한다.

5.3 시험기구

- **공기량 측정기**: 수밀하고 견고하여야 한다. 금속제로 만들며(사진 2.3.30, 2.3.31), 그 세부 생김새 및 규격은 다음과 같다.(그림 2.3.1)
  - 이 시험방법은 굵은 골재의 최대치수가 40mm 이하인 경우에 적용하며, 경량골재 등과 같이 다공질의 골재를 사용하는 경우에는 사용할 수 없다.
  - 덮개와 플랜지가 있는 원통형의 용기로 대부분 금속재로 제작한다. 이때 덮개와 용기는 고압(100KPa)에 견딜 수 있는 밀착력을 가져 물과 공기가 새지 않도록 되어 있어야 한다.
  - 용기 지름은 높이의 0.75~1.25배에서 결정한다.
  - 용기의 용적은 주수법의 경우는 5ℓ, 무주수법(물 없이 콘크리트와 공기압축만으로 시험)은 7ℓ 이상으로 한다. 공기량은 눈금판 지름은 90mm 이상으로 하고 용기 중의 공기량에 상당하는 압력의 점에 공기량의 백분율을 적어도 8%까지 눈금 표시하고, 또한 초기 압력을 명시한 것으로 한다.
- **다짐봉**: 금속제 막대기로 다짐쪽은 반구형으로 지름 16mm, 길이 500~600mm인 것.

[사진 2.3.30] **공기량 측정기**

[사진 2.3.31] **덮개를 연 상태**

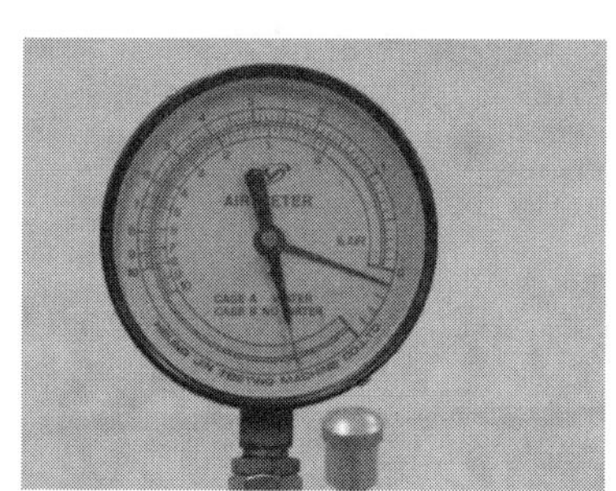

[사진 2.3.32] **압력계 상세 모양**

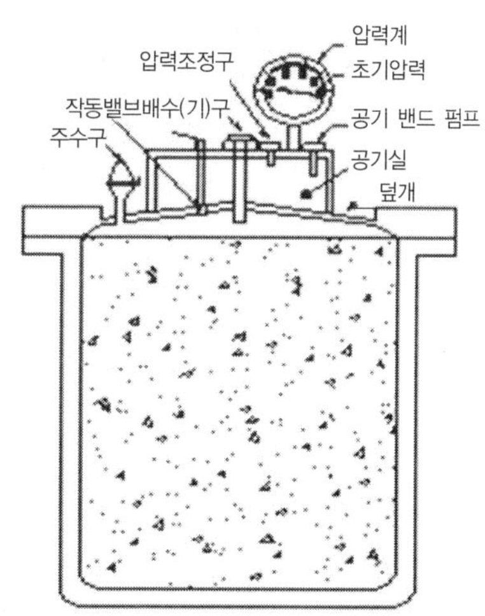

[그림 2.3.1] **공기량 측정기 상세**

5.4 측정기 검정방법

1) 용기 교정

정확한 부피 측정으로 압력에 대한 공기량 측정시 오차를 줄일 수 있다. 부피 측정을 위해서는 용기에 물을 채우고 물의 질량을 측정한다. 측정방법은 다음과 같다.

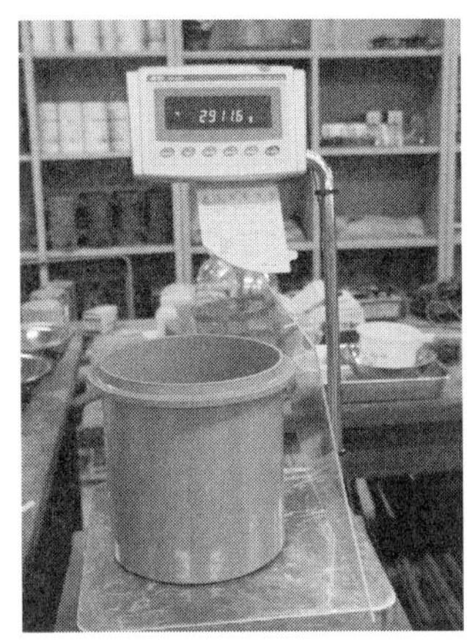

[사진 2.3.33] 용기무게 측정

[사진 2.3.34] 플랜지에 그리스 바르기

[사진 2.3.36] 유리판 덮기

[사진 2.3.37] 공기포 주의

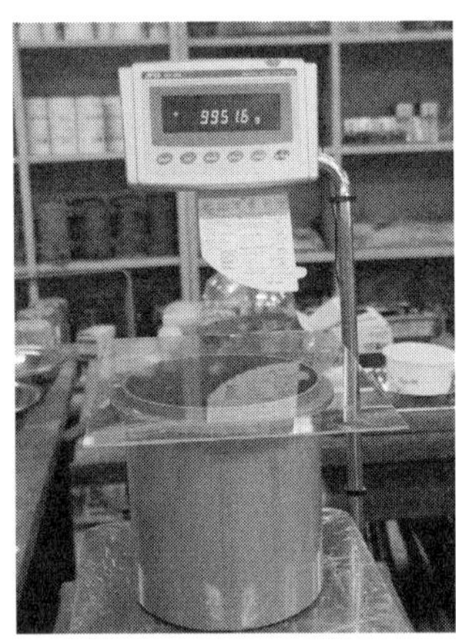

[사진 2.3.38] 무게 측정

[사진 2.3.39] 유리판 덮기(공기포 제거)

[사진 2.3.40] 넘친 물 닦기

① 평평한 곳에 올린 후 용기에 물을 90% 채운다.

② 용기에 물을 가득 부어 용기 90%까지 오르게 한다.

③ 유리판을 덮어 용기 상부의 플랜지 부분에 닫게 한다.(이때 플랜지 윗부분에 그리스를 얇게 발라 이동 시 물이 넘치지 않게 한다.)

④ 넘친 물을 깨끗이 닦고 용기의 무게를 측정한다.(저울 감도 1g) 이때 물의 온도를 측정하여 부피를 측정한다.(사진 2.3.40, 그림 2.3.1)

⑤ 용기의 용적은 다음 식에 따라 산출한다.

$$V_C = \frac{m_1 - (m_2 + G_1)}{P_w}$$

여기서 P_w : 수온 t_1(℃)일 때 물의 밀도

[사진 2.3.41] **용기영점**

[사진 2.3.42] **물측정**

[사진 2.3.43] **채워넣기**

2) 무수 시험용 초기 압력 검정

① 용기 교정에서 측정된 용기의 부피만큼 물을 질량으로 측정하여 준비한다.(사진 2.3.41, 2.3.42)

② 용기에 덮개를 덮은 후 그 질량만큼만 물을 집어넣는다.(사진 2.3.43)

③ 모든 밸브를 닫고 공기 핸드 펌프로 공기실의 압력을 초기 압력보다 조금 큰 상태로 만든다.(사진 2.3.44)

④ 약 5초 후에 조절 밸브를 조심히 열면서 압력계 바늘을 초기 압력의 눈금에 바르게 일치시킨 후 밸브를 닫아 놓는다.(사진 2.3.45)

[사진 2.3.44] **압력펌프**

[사진 2.3.45] **압력 맞추기**

[사진 2.3.46] **작동밸브 열기**

[사진 2.3.47] **압력계 측정**

⑤ 작동 밸브를 충분히 열고 공기실 내의 공기압과 용기 내부의 압력이 평형을 이루도록 한다.(사진 2.3.46)

⑥ 이때 압력계를 읽어 그 눈금이 공기량 0%의 상태와 일치하는지 검토한다. 압력계를 읽을 때는 항상 압력계를 손가락으로 2~3회 정도 가볍게 두들긴 다음 읽는 습관을 들인다. 이때 유리 부분을 두드리면 파손의 위험이 있으므로 다른 금속 부위를 두드린다.(사진 2.3.47)

⑦ 일치하지 않을 때는 주수구와 배기구를 확인하여 공기 및 물이 새지 않는지 확인하고 검정을 2~3회 되풀이한다. 위의 작업에서 0점에 일치하지 않을 경우 초 압력계인 눈금 위치를 조정하여 0점에 일치하도록 한다.

⑧ 주수 시험을 할 때의 초기압력 검정은 상기의 방법에서 ①, ②번을 다음 ㉠,

㉡과 같은 방법으로 하고 나머지는 동일하게 하면 된다.

㉠ 용기에 물을 채운 상태에서 용기의 덮개를 덮는다. 이때 공기가 통할 수 있도록 배기구를 열어놓은 상태에서 덮개를 덮는다.

㉡ 덮개를 부착한 후 배수구를 열고 덮개의 내부공기가 없을 때까지 물을 붓는다.

3) 공기량 측정기의 눈금 검정방법

① 용기 교정에서 측정된 용기의 부피만큼 물을 질량으로 측정하여 준비한다.

② 용기에 덮개를 덮은 후 그 질량만큼만 물을 집어넣는다.

③ 주수 시험을 할 때의 공기량 측정기 눈금 검정은 상기 ①, ②번을 다음 ㉠, ㉡과 같은 방법으로 하고 나머지는 동일하게 하면 된다.

㉠ 용기에 물을 채운 상태에서 용기의 덮개를 덮는다. 이때 공기가 통할 수 있도록 배기구를 열어놓은 상태에서 덮개를 덮는다.

㉡ 덮개를 부착한 후 배수구를 열고 덮개의 내부공기가 없을 때까지 물을 붓는다.

㉢ 주수구에 미리 조절용 기구(물을 뽑아 낼 수 있는 파이프)를 설치하여 용기 내의 물을 약 100~140mℓ(공기량으로 약 2%)의 범위에서 꺼내 메스실린더에 담는다.(사진 2.3.48) 꺼낸 물의 양을 정확히 측정한 후(사진 2.3.49) 위에서 측정된 용기의 용량에 대한 백분율로 계산하여 기록한다.

㉣ 배기구를 열어 대기압과 용기 내의 기압을 같게 한 후 밸브를 닫는다.

㉤ 공기실의 기압을 초압력까지 올린다.

㉥ 작동밸브를 열어 고압의 공기를 용기 내에 들어가게 한다.(사진 2.3.50)

㉦ 압력계의 바늘이 안정되었을 때 공기량의 눈금을 읽는다.

㉧ 상기 ㉢~㉦의 과정을 하여 다시 공기량의 눈금을 읽는다.

㉨ ㉧과정을 4~5회 반복하여 실시하면서 뽑아낸 수량을 용기의 용량에 대한 백분율 값을 측정한 압력계의 공기량 눈금과 비교한다.

㉩ 상기 값들이 일치할 경우에는 공기량 측정기구의 압력계 눈금이 정확하다는 것을 나타내므로 교정이 필요 없다.

㉠ 만일 일치하지 않는 경우 뽑아 낸 물의 양과 공기량의 관계곡선을 그리고, 이 관계곡선으로 측정값을 보정하여 사용한다.

㉡ 각 값의 변화가 일정치 않을 때는 용기의 파손 내지 고장의 유무를 확인한다.

[사진 2.3.48] **물뽑기**

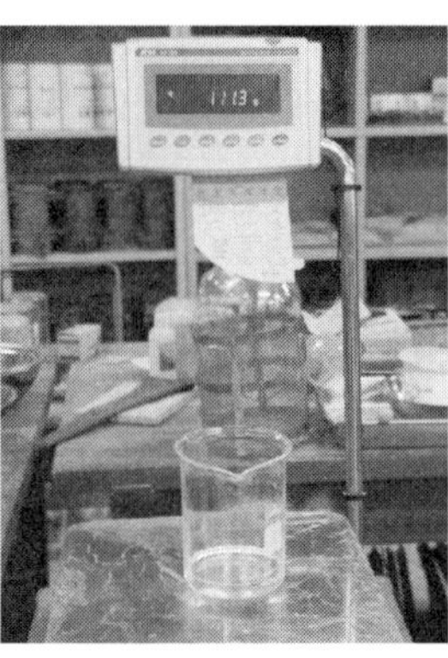

[사진 2.3.49] **물량 측정**

[사진 2.3.50] **공기량 측정**

5.5 공기량 측정

1) 측정 준비

용기 검정, 초압력 검정 및 공기량 눈금판의 검정이 끝난 측정기를 준비한다. 공기량 측정 준비는 금속제 판과 슬럼프 콘 및 다짐봉을 젖은 수건으로 닦아 수평한 곳에 놓는다.([사진 2.3.51, 2.3.52])

[사진 2.3.51] **공기량 측정 용기**

[사진 2.3.52] **용기 젖은 수건으로 닦음**

2) 시료의 다짐

① 준비된 시료를 용기에 3층으로 나누어 넣어 각층을 25회씩 다진다.

② 제일 먼저 아래층 1/3 정도에 시료를 집어넣고 다짐봉으로 25회 다진다. 이때 다짐봉은 용기의 바닥에 닿지 않도록 한다.(사진 2.3.53)

③ 콘크리트 표면의 큰 기포와 다짐구멍을 제거하기 위하여 용기의 측면을 고무망치나 나무망치 등으로 10~15회 두들겨준다.

④ 다음 2회 차로 다시 콘크리트 시료를 용기 용적의 1/3을 채운 뒤, 전회와 동일한 방법으로 다짐을 한다. 단, 다짐 시 다짐봉이 첫 번째 층의 윗면 이하로 내려가지 않도록 주의한다.

⑤ 마지막으로 3회 차를 위 방법으로 하되, 시료가 조금 넘칠 정도로 넣고 다짐을 한다.(사진 2.3.54) 이후 넘치는 시료는 자로 긁어내어 평탄하게 한다.

[사진 2.3.53] **다지기**

[사진 2.3.54] **마지막층 약간 넘치게 넣기**

[사진 2.3.55] **마지막층 다짐**

[사진 2.3.56] **고무망치로 기포 없애기**

※ 참조 : 진동기로 다지는 경우 KS F 2409의 5.2에 준하여 시험한다.

① 시료를 용기의 1/2까지 넣고 진동기로 진동다짐을 한다.

② 용기에 넘칠 때까지 시료를 채우고 앞에서와 같은 방법으로 다짐한다. 위층의 콘크리트를 다질 때, 진동기의 앞끝이 거의 아래층의 콘크리트에 이르는 정도로 한다.

③ 진동시간은 콘크리트 표면에 큰 기포가 없어지는 최소시간으로 한다.

④ 윗 층의 진동다짐이 끝나면 금속제의 직선자로 여분의 시료를 깎아내고 고른다.

⑤ 진동기는 용기의 바닥이나 측면에 닿지 않게 시험한다.

⑥ 진동기를 뺄 때는 구멍이 나지 않게 조심해서 천천히 뺀다.

3) 측정

① 용기의 플랜지 윗면과 덮개 플랜지 아랫면을 젖은 수건으로 깨끗이 닦아 밀폐될 수 있도록 한다.(사진 2.3.57)

② 덮개를 부착하고 완전 밀폐조립한다. 이때 공기실의 주밸브는 잠그고, 주수구 밸브와 배기구 밸브를 개폐한 채 용기에 뚜껑을 밀착시켜 잠근다.(사진 2.3.58)

[사진 2.3.57] **플랜지 닦기**

[사진 2.3.58] **덮개 장착 후 밀폐시키기**

③ 용기 속의 콘크리트와 뚜껑 사이의 공간에 물을 채우는 기구에서는 배기구에서 물이 나올 때까지 내부 공기가 빠져나오도록 약간의 진동을 주면서 주수구를 통해 물을 넣는다. 배기구에서 기포가 나오지 않을 때까지 압력계를 두들긴 후 주수구와 배기구의 밸브를 잠근다.(사진 2.3.59)

[사진 2.3.59] **물채우기**

[사진 2.3.60] **초압력 이상 압력주기**

④ 모든 밸브를 잠그고 공기펌프로 펌프질하여 공기실의 압력을 초압력보다 약간 크게 한다.(사진 2.3.60)

⑤ 약 5초 후에 조정밸브를 열어 압력계의 바늘을 초압력의 눈금과 일치시킨 후 주밸브를 충분히 열고 용기 내의 콘크리트 각 부분에 압력이 잘 전달되도록 고무망치로 용기의 측면을 두드린다.

⑥ 약 5초 지난 후에 작동밸브를 충분히 연다. 그리고 용기 측면을 고무망치로 두드린다.

⑦ 다시 작동밸브를 충분히 열고 지침이 안정된 후 압력계를 소수점 이하 1자리까지 읽는다. 이 눈금을 콘크리트의 겉보기 공기량(A_1)이라 한다.

⑧ 측정 종료 후 덮개를 떼기 전에 주수구와 배수구를 양쪽으로 열고 압력을 제거한다. 이후 용기 내 시료를 모두 제거하고, 용기를 깨끗이 닦은 후 다음의 골재수정계수 측정 시험을 시작한다.

5.6 골재수정계수 측정

골재수정계수는 골재가 다르면 이에 따라 바뀌므로 가능한 한 시험을 통해 확인하는 것이 좋지만 너무 번거로우므로 동일한 로트의 골재에서는 일정한 것으로 가정한다.

① 측정 용기의 용적(V_C)에 들어간 콘크리트 시료의 잔골재 중량(m_f) 및 굵은 골재 중량(m_c)은 다음 식에 의하여 구한다. 여기서 공기량 측정 시료를

150㎛체를 사용하여 시멘트분을 씻어내고 시료로 사용하여도 좋다.

$$m_f = \frac{V_C}{V_B} \times m'_f$$

$$m_c = \frac{V_C}{V_B} \times m'_c$$

여기에서 m_f : 용적 V_c의 콘크리트 시료 중의 잔골재 질량(kg)

m_c : 용적 V_c의 콘크리트 시료 중의 굵은 골재 질량(kg)

V_B : 1배치의 콘크리트 완성 용적(l)

V_C : 콘크리트 시료의 용적(=용기의 용적)(l)

m'_f : 1배치에 사용하는 잔골재 질량(kg)

m'_c : 1배치에 사용하는 굵은 골재 질량(kg)

② 위에서 얻어진 양의 잔골재(m_f)와 굵은 골재(m_c)를 채취한다. 이때 새로운 골재를 사용하는 경우에는 콘크리트 속의 골재와 같은 함수상태를 확보하기 위해 약 5분 정도 물에 넣었다가 사용한다.

③ 약 1/3만큼 물을 채운 용기에 잔골재를 먼저 시료 삽으로 한 삽 넣고, 굵은 골재를 2삽 넣는다.(규격에는 혼합 골재를 집어넣는다고 하지만, 빈틈없이 제대로 넣기 힘들므로 이를 해결하기 위한 방법임) 잔골재를 넣을 때마다 약 25mm의 깊이에 도달할 때까지 다짐막대로 약 10회 다진다.

④ 골재를 채워가면서 용기의 측면을 고무망치로 두들겨서 공기를 빼낸다. 이와 같은 방법으로 용기를 시료로 채운다.

⑤ 골재 전부를 용기에 넣은 후 용기 표면의 수면에 있는 거품을 없애고 뚜껑을 덮는다.

⑥ 다음 겉보기 공기량을 측정할 때처럼 시험하여 압력계의 공기량 눈금을 읽는다.

⑦ 이를 골재수정계수(G)로 한다. 이후 용기를 깨끗이 청소한다. 특히, 덮개의 주수구 밸브, 배기구 밸브, 압력계 등을 점검하여 막히거나 오염되지 않게 하여야 한다.

5.7 공기량 계산

1) 시료의 공기량

$$A = A_1 - G$$

여기에서 A : 콘크리트의 공기량(%)

A_1 : 콘크리트의 겉보기 공기량(%)

G : 골재수정계수

(골재수정계수가 0.1% 미만인 경우 생략한다. 즉 $A = A_1$이다.)

2) 체가름 전의 콘크리트 공기량

시험한 시료의 굵은 골재 최대치수가 40mm 이상인 콘크리트는 체가름 전의 콘크리트 공기량은 다음 식에 의한다.

$$A_f = 100 \times A \times V_c / (100 \times V_t - A \times V_a)$$

여기에서 A_f : 체가름 전의 콘크리트 공기량(%)

V_c : 체가름 후의 콘크리트의 절대 용적으로 무공기, 1배치의 질량에서 구해진 용적(m^3)

V_t : 체가름 전의 콘크리트 절대용적으로 무공기 용적(m^3)

V_a : 체가름 전 콘크리트 중의 40mm를 넘는 골재의 절대용적, 1배치의 질량에서 구한 용적(m^3)

모르타르 부분의 공기량

$$A_m = 100 \times A \times V_c / [100 \times V_m + A(V_c - V_m)]$$

V_m : 콘크리트 중 모르타르 부분 성분의 절대용적으로 무공기의 절대용적(m^3)

6 콘크리트의 압축강도 시험방법(KS F 2405 : 2017)

6.1 콘크리트 압축강도 시험체 규정 목적

콘크리트의 각종 성능 및 품질검사를 위한 시험체를 만드는 방법을 규정하지 않을 경우 콘크리트에 관련한 성능 값의 비교·검토를 객관적으로 할 수 없다. 예를 들어, 시험체 제작시 몰드에 콘크리트를 넣고 다짐을 할 때 다짐 횟수와 다짐 시의 깊이 등이 다르면 그 압축강도와 밀도, 흡수율 등도 달라진다. 또한, 양생 시 온·습도 조건은 온도와 습도 및 재령에 따라서 강도발현에 큰 차이가 난다. 따라서 그 시험체의 제작방법과 양생, 강도 시험법까지 그 성능에 영향을 줄 수 있는 조건에 대해 각각 규정하고 있다. 콘크리트의 실험에서 제조방법에 관련된 내용의 숙지는 실험의 양부에 영향을 미칠 수 있어 필요한 일이다. 특히, 현장콘크리트의 품질관리를 위해 시험체의 제작 및 압축강도 시험은 매우 중요한 업무이다.

본 서의 14장에서 KS F 2425에 의해 콘크리트를 비벼서 혼합판에 붓고, 2차 혼합시킨 후 각종 시험(슬럼프, 공기량 등)을 한 후에 시험체를 제작하게 되며 여기서는 이후를 설명한다. 또한, 레미콘이나 기타 콘크리트를 채취하는 것은 본 서 15장의 KS F 2401에 따라 채취하여 압축강도 시험체를 만든다.

6.2 압축강도 공시체

① 원주형으로 높이가 지름의 2배 되는 형상을 가진다.

② 상기 방법 중 시험실에서 제작하는 경우 동일 조건(공시체의 시험 재령 포함)의 시험에 대해 3개 이상의 공시체 수를 제작한다. 이 3개 이상의 공시체는 2배치 이상의 콘크리트로 만든다. 기타 제조 시는 시험, 실험목적에 따른다.

③ 공시체의 지름은 굵은 골재의 최대치수에 따라 다음과 같이 한다.

[표 2.3.2] **굵은 골재 최대치수 및 공시체 지름**

굵은 골재 최대치수(mm)	공시체 지름(mm)
40 이하 40 이상	굵은 골재 최대치수 3배 이상, 100mm 이상

주) 공시체 지름의 표준은 100mm, 125mm, 150mm이다. 굵은 골재 최대 치수가 40mm를 넘는 경우에는 40mm의 망체로 쳐서, 40mm를 넘는 입자를 제거한 시료를 사용하여 지름 150mm의 공시체를 이용할 수 있다. 여기에서 40mm의 망체는 KS A 5101-1에 규정하는 호칭 치수 37.5mm의 망체를 말한다.
공시체의 높이는 공시체 지름의 2배 이상으로 한다.

6.3 시험기구

- **압축공시체 몰드**: 시험의 목적에 따라 그 형상과 규격이 다르며, 각 시험법은 규정된 나라의 관련 규격을 참조할 것.

[사진 2.3.61] **압축강도 공시체 원형 몰드**

① 금속제 원통으로 세로에 1개 또는 2개의 이음매를 가진 옆판 및 밑판으로 구성되어 적당한 고정쇠로 조립할 수 있어야 한다.

② 몰드는 공시체를 제작할 때 변형이나 누수가 없어야 한다.

③ **치수의 오차**: 지름 1/200, 높이 1/100 이하, 밑면의 평편도 0.02mm이며, 몰드 조립한 후 몰드 옆판의 축과 밑판은 직각이어야 한다.

④ 몰드의 이음매는 기름흙, 단단한 그리스 등을 얇게 발라 조립한다. 몰드 내면에는 공시체의 탈형 시 박리의 편리를 위해 광물성 기름(폐유, 그리스 등)을 얇게 도포한다.(사진 2.3.62, 2.3.63)

- **다짐봉**: 길이 500~600mm, 앞 끝이 반구모양을 한 지름 16mm로 되어 있는 강재로 한다.

- **진동장치**: 콘크리트용 외장형 진동 장치로 다지는 경우, KS B ISO 18652에 규정되어 있다. 기타 다른 방법에 의해 다지는 경우, 대상이 되는 콘크리트 시료를 충분히 다질 수 있는 성능을 가져야 한다.
- **누름판**: 캐핑에 이용하는 누름판은 두께 6mm 이상의 마판유리로 하고 크기는 몰드의 지름보다 25mm 이상 크게 한다.

[사진 2.3.62] **몰드 도포용 폐유**

[사진 2.3.63] **폐유 도포**

6.4 콘크리트 집어넣기

1) 다짐봉을 사용하는 경우

① 다짐하기 위해 콘크리트를 층을 나누어 집어넣는다.(사진 2.3.64)

② 실린더 공시체 콘크리트는 2층 이상으로 거의 동일한 두께로 나눠서 채운다.(지름 150mm, 높이 300mm인 공시체는 3층으로 나눈다.)

③ 다짐횟수는 지름 150mm인 공시체는 각 층을 25회 다진다.(사진 2.3.65, 2.3.66)

④ 지름 150mm 이외의 공시체는 윗면 약 1,000mm^{2}당 1회로 다져준다. 또한 아래층까지 다짐봉이 닿도록 한다.

⑥ 다짐횟수가 위와 같을 경우 재료분리가 우려되면 그 횟수를 적정하게 줄인다.

⑦ 다짐이 끝난 후 다짐봉에 의해 생긴 구멍을 없애기 위해 나무망치(고무망치)로 몰드 옆면을 가볍게 두드린다.(사진 2.3.67)

[사진 2.3.64] **콘크리트 주입**

[사진 2.3.65] **다짐**

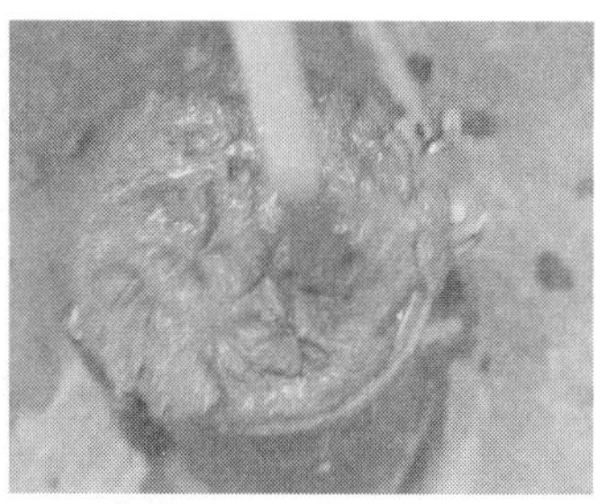

[사진 2.3.66] **최상층 다짐**

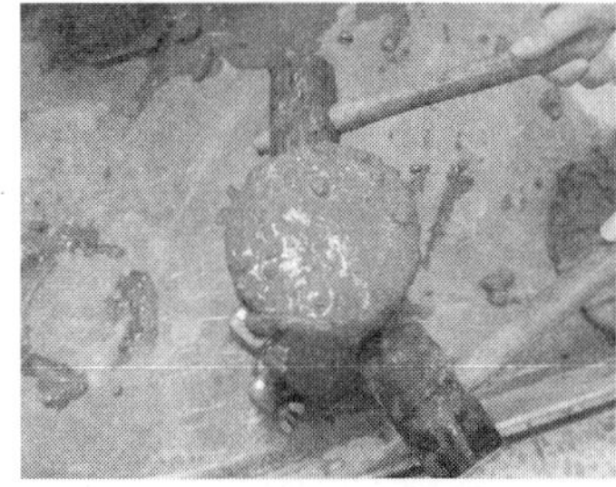

[사진 2.3.67] **고무망치 진동(기포 제거)**

[사진 2.3.68] **고르기 전 완성된 모습**

[사진 2.3.69] **윗면 고르기**

⑧ 표면을 흙손이나 기타 도구로 평평하게 고른다. 이때 파괴 시험을 위한 윗면 보정(capping)하는 방법에 따라 다소 차이가 있도록 하여야 한다. 제물치장의 경우 약간 몰드 상면이나 약간 모자라는 정도(건조수축량 고려)로 고려하여야 한다.(사진 2.3.68, 2.3.69)

⑨ 완성된 공시체는 특수조건의 경우를 제외하고는 상온(20±2℃)에서 습기함에서(또는 상면에 판유리, 강판 또는 젖은 천 등을 사용) 24~48시간 양생한 후 탈형한다.

⑩ 습윤상태를 유지하기 위해 시험체를 물통 안, 젖은 모래 안 또는 포화습기에 두게 되는데, 이때 수분의 증발이 발생하며, 이로 인해 주위 온도보다 시험체의 표면온도는 낮아진다. 이를 보정하기 위한 조치가 필요하다. 가능한 시험체의 주위와 표면의 온도를 측정하여 기록해 두는 것은 실험의 오차나 오류를 줄일 수 있다.

[사진 2.3.70] **완성된 윗면 상태**

[사진 2.3.71] **완성된 모습**

⑪ 제물치장은 탈형하지 않은 상태에서 시험체 윗면의 레이턴스를 물로 씻어내고, 물기 제거 후 시멘트 페이스트(W/C 27~30%로 하고 사용 전 약 2시간 전에 반죽하여 물을 가하지 않고 다시 반죽하여 사용한다.)로 상면을 채우는 것이다. 이때 시멘트 페이스트는 치장 전 2시간(초조강은 1.5시간) 전에 물과 개어 놓았다가 사용 바로 전에 물없이 다시 개어서 사용한다.

⑫ 제물치장(capping)의 경우에는 콘크리트를 타설하고 일반적으로 24시간 경과 후(된 반죽 콘크리트에서는 2~6시간, 묽은 반죽 콘크리트에서는 6~24시간 이후)에 제물치장한다. 제물치장하고 24시간 경과(타설 후 48시간) 후에 탈형한다.

⑬ 현장제작 공시체의 경우에는 상기와 같이 양생시키기 위해 시험실로 운반해야 한다. 이때 공시체가 손상되지 않을 수 있을 만큼 양생이 된 후에 하도록 하되, 가능한 빨리 하여 온습도 조건을 만족시키도록 한다.

2) 콘크리트 외장형 진동 장치를 사용하는 경우

① 지름 100~200mm인 공시체는 층을 반 정도로 2번에 나눠 채운다.

② 진동기는 한 층당 윗면 약 $6cm^2$당 1회 비율로 꽂아 다진다.

③ 밑 층은 바닥에 닿지 않게 하고, 상부층에서는 아래층에 3cm 정도만 꽂아 넣는다.

④ 진동기로 다질 때 콘크리트가 넘쳐나오지 않을 정도로 넣는다.

⑤ 콘크리트의 품질과 진동기의 성능에 따라 콘크리트가 충분히 다져지도록 진동기를 작동한다.

⑥ 진동기는 천천히 잡아 빼고 나무망치로 몰드 옆면을 쳐서 진동기 구멍을 없앤다.

⑦ 이후는 1)의 ⑧ 이하와 같다.

6.5 공시체의 압축강도 시험방법

모르타르시험에서 사용된 것과 같은 방법으로 시험한다고 생각하면 된다. 다만, 아래와 같은 차이점을 고려하여 시험하면 규정에 맞도록 할 수 있다.

① 공시체의 지름과 높이를 각각 0.1mm, 1mm까지 측정한다. 지름 측정 시 공시체 높이의 중앙에서 서로 직교하는 2방향에 대해 측정한다.

② 공시체가 손상 또는 결함이 있고, 시험결과에 영향을 줄 우려가 있을 때는 시험하지 않거나 시험 시 그 내용을 기록한다.

③ 공시체는 소정의 양생을 마친 직후에 시험을 할 수 있도록 하여야 한다. 이는 콘크리트의 압축강도가 공시체의 건조상태, 온도에 따라 상당히 크게 변화할 수 있으므로 오차를 줄이기 위함이다.

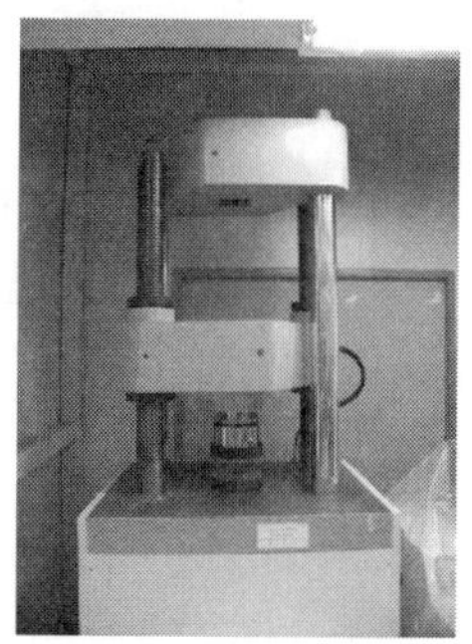

[사진 2.3.72] 압축강도 측정기

④ 압축기기는 KS F 2405에 표시된 등급 이상으로 하고, 특히, KS B 5533에 따르도록 한다.

⑤ 다음과 같은 방법으로 시험한다.

- 공시체의 상·하면 및 가압판의 상·하면을 깨끗이 청소한다.
- 공시체를 지름의 1% 이내의 오차로 가압판의 중심축에 일치하도록 한다.
- 가압판과 공시체 사이에는 쿠션을 가지도록 하거나 이물질이 들어가지 않도록 한다.
- 공시체에 급작스런 하중이 가해지지 않도록 하고, 같은 속도로 하중을 가한다.

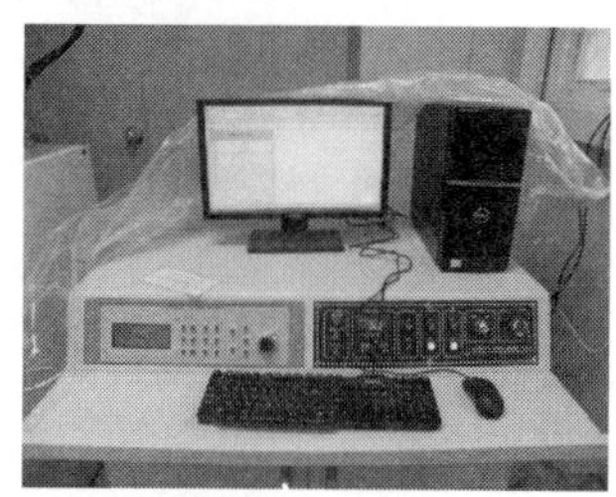

[사진 2.3.73] 압축강도기기

- 하중을 가하는 속도는 압축응력도가 증가율이 0.6±0.4MPa(=N/mm^2)가 되도록 한다.
- 공시체의 변형이 커지면 하중을 가하는 속도의 조정을 중지하고 하중을 계속 가한다.
- 공시체가 파괴될 때까지 시험기의 최대하중을 유효숫자 3자리까지 읽는다.

1) 압축강도 계산

압축강도는 파괴시까지의 최대하중을 가압면적으로 나눈 값이므로 계산은 가압면적 계산과 이로 최대하중을 나누어 주면 된다.

① 공시체의 단면적은 상기에서 측정된 값으로 다음과 같이 산출한다. 이때 계산은 소수점 첫째 자리까지로 한다.

$$A = \pi\left(\frac{d}{2}\right)^2$$

단, A : 공시체 단면적(mm)

d : 공시체 지름(mm)

$$d = \frac{d_1 + d_2}{2}$$

d_1, d_2 : 측정된 2방향 지름(mm)

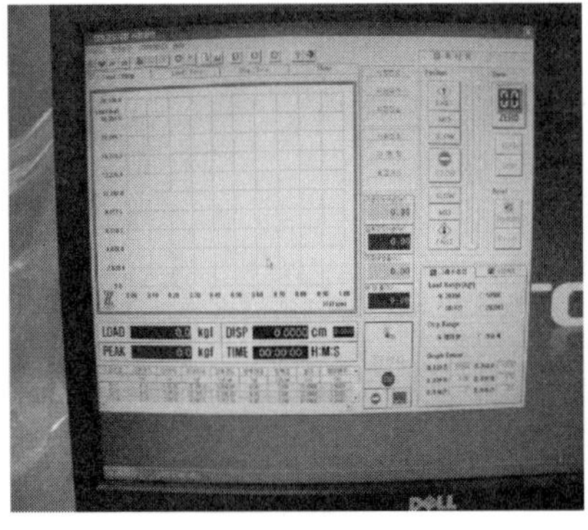
[사진 2.3.74] **측정 프로그램**

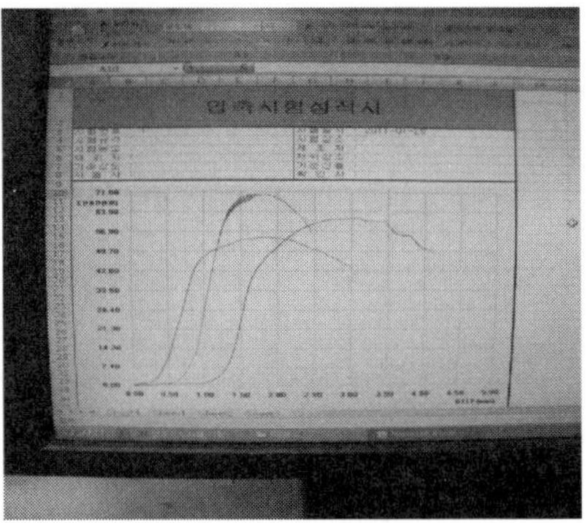
[사진 2.3.75] **측정 프로그램 결과**

② 압축강도는 다음 식에서 구하며, 단위에 주의한다.

$$f_c = \frac{P}{A}$$

단, f_c : 압축강도 MPa(=N/mm^2)

P : 시험에서 구한 최대하중(N)

A : ①에서 구한 공시체 단면적

2) 시험 시 기록 보존

① 시험 연월일

② 공시체 번호

③ 시험 일시에 따른 공시체 재령

④ 양생방법과 양생온도

⑤ 각 단계의 측정값(공시체 지름, 최대하중, 압축강도 등)

⑥ 결함 유무와 그 내용

⑦ 공시체의 파괴 상황(이상한 파괴상태, 편심, 주저앉음 등)

⑧ 기타 필요사항(겉보기 밀도)

7 콘크리트의 휨강도 시험방법(KS F 2408 : 2021)

7.1 콘크리트 휨강도 시험에서 알아야 할 사항

휨강도(flexural strength)-부재가 휨모멘트를 받아 파괴될 때의 강도를 말한다. 보통 휨파괴계수로 나타낸다.

7.2 콘크리트 휨강도 시험체 규정의 목적

이 시험은 콘크리트보에 휨하중을 가하여 휨강도를 측정하기 위한 것이다. 콘크리트의 휨강도를 파악하여 콘크리트 구조물에서 휨하중을 받는 부재의 설계에 미치는 영향 파악은 물론 콘크리트 관, 파일, 도로포장판 등 콘크리트 제품의 설계에 미치는 영향을 알기 위한 것이다.

콘크리트 단순보의 중앙점 하중 및 3등분점 하중에 의한 휨강도 시험방법에 대하여 규정한다.

콘크리트의 휨강도는 도로나 활주로와 같이 휨 응력을 직접 받는 포장판 및 콘크리트관, 콘크리트 말뚝 등의 설계기준강도에 채용되고, 이들 콘크리트의 품질 판정, 품질관리 및 콘크리트의 휨균열 발생의 예측 등에도 이용되고 있다.

또한 휨 시험이라 하면 간략하게는 재료에 휨하중을 가하여 변형이나 강도 등을 조사하는 시험이고 보통 재료를 환봉(丸棒) 또는 각봉으로 하고 양끝을 지지한 다음 중앙에 하중을 가하는 휨시험기에 의해 휨 시험을 한다. 또 재료의 변형능(變形能)을 조사하는 벤드 테스트도 휨 시험의 일종이다. 원형·판상·관상(管狀)의 시험편을 규정의 안쪽 반지름을 지닌 원호상(圓孤狀)에 규정의 각도만큼 만곡시켰을 때 바깥쪽에 생기는 균열홈 등의 발생 상황에 따라 휨에 대한 강도를 판정한다.

[사진 2.3.76] **콘크리트 용 휨 몰드**

7.3 휨강도 시험용 공시체 제작

① 휨강도 시험용 몰드는 정사각형이어야 하며, 규정된 공시체를 제작할 수 있는 치수이어야 한다. 그 한 변의 길이는 굵은 골재의 최대 치수 4배 이상이며, 100mm 이상으로 한다. 몰드의 측면, 밑면 및 끝부는 서로 직각이어야 하고, 곧고 뒤틀리지 않아야 한다. 치수의 허용차는 150×150mm 이상의 단면을 가진 몰드에서 3mm, 그 이하의 몰드에서 1.5mm이고, 길이에 대해서는 ±1.5mm이어야 한다.

② 공시체의 최소 횡단면 치수는 골재 최대치수의 3배 이상($l \geq 3t + 80mm$)이어야 하며, 공시체의 단면은 직사각형으로 평균높이(h)에 대한 평균폭(w)의 비가 1.5를 초과해서는 안 된다.($1.5h \geq w$)

③ 금속제 몰드를 장축이 수평이 되도록 놓고 수평방향에서는 축에 평행하게 성형해야 하며, 규정된 치수에 맞아야 한다.

④ 콘크리트를 대략 같은 두께의 2층으로 나누어 채우고, 표 2.3.3에 규정된 다짐횟수로 각층을 다진다. 콘크리트를 다질 때는 몰드의 단면 전체를 균일하게 또 층의 깊이가 100mm 미만일 때는 그 층의 12mm 정도까지, 100mm 이상일 때는 25mm 정도가 관입되도록 다진다. 위층은 콘크리트를 몰드 윗면보다 약간 높게 채운 후 다지고 밑층은 그 깊이만 다지면 되며, 다짐봉에 의한 공극이 남아 있는 경우는 몰드 측면을 공극이 없어질 때까지 가볍게 두드린다.

[표 2.3.3] **다짐봉 지름 및 다짐횟수**

공시체 윗면의 면적(mm^2)	다짐봉의 지름(mm)	각 층의 다짐횟수
1,600 이하	10	25회
16,100~31,900	10	표면적 700mm^2 마다 1회
32,000 이상	10	표면적 1,400mm^2 마다 1회

⑤ 내부진동기를 사용할 경우, 두께는 몰드 폭의 1/3을 넘어서는 안 되며, 길이방향이 중심선에 따라 150mm 이하의 간격으로 진동을 가하여야 한다.

폭이 150mm 이상이 되는 공시체의 경우에는 두 줄로 진동을 가하고 밑층으로 약 25mm 정도 관입하여야 한다.

7.4 시험기구

- **휨공시체 몰드**: 시험의 목적에 따라 그 형상과 규격이 다르며, 각 시험법은 규정된 나라의 관련 규격을 참조할 것.
  ① 몰드는 비흡수성으로 시멘트에 침식되지 않는 재료로 만들어져야 한다.
  ② 몰드는 공시체를 제작할 때 변형이나 누수가 없어야 한다.
  ③ **치수의 오차**: 지름 1/200, 높이 1/100 이하, 밑면의 평편도 0.02mm이며, 몰드 조립한 후 몰드 옆판의 축과 밑판은 직각이어야 한다.
  ④ 몰드의 이음매는 기름흙, 단단한 그리스 등을 얇게 붙여 조립한다. 몰드 내면에는 공시체의 탈형의 편리를 위해 광물성 기름(폐유, 그리스 등)을 얇게 도포한다.(사진 2.3.77, 2.3.78)
- **다짐봉**: 길이 50cm, 앞 끝이 반구 모양을 한 지름 16mm로 되어 있는 환형강으로 한다.
- **내부 진동기 다짐**: 진동기는 KS B ISO 18652에 규정되어 있다. 또한, 진동대식 진동기 또는 기타 방법에 의해 다지는 경우 대상이 되는 콘크리트 시료를 충분히 다질 수 있는 성능을 가져야 한다.

[사진 2.3.77] **몰드 도포용 폐유**

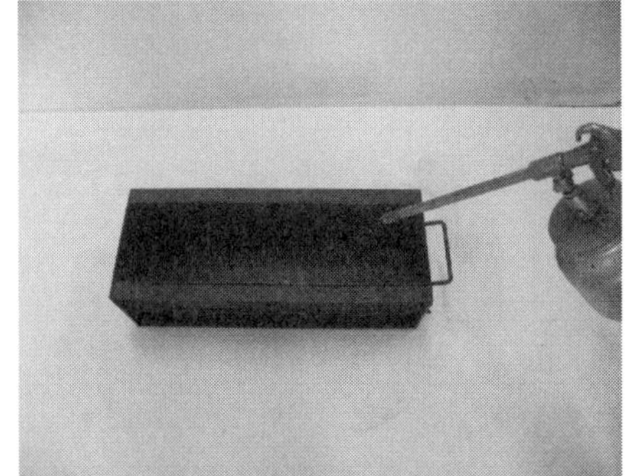

[사진 2.3.78] **폐유 도포**

• 마판 : 캡핑 시 사용하는 갑판을 말하며, 마판유리, 연마강판을 사용한다. 두께 6mm 이상, 몰드 지름보다 25mm 이상 크게 한다. 단, 유황캡핑의 경우에는 마판유리를 사용하면 안 된다.

• 시험기 : 시험기는 KS B 5533에서 규정하는 1등급 이상의 것으로 한다.

① 4점 재하장치

4점 하중을 재하하기 위한 장치는 4점 하중을 연직으로, 또한 중심이 치우지지 않도록 가할 수 있으며, 공시체를 설치하였을 때 안정되고, 그밖에도 충분한 강성을 가지는 것으로 한다.

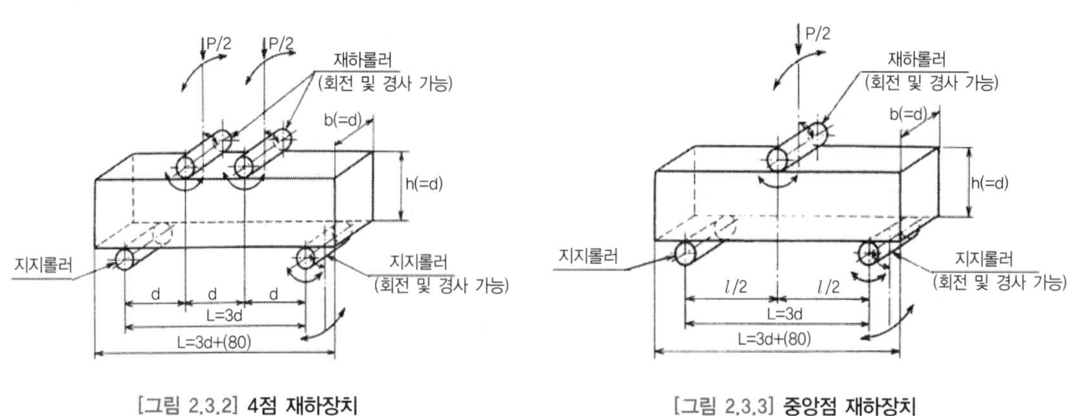

[그림 2.3.2] **4점 재하장치**

[그림 2.3.3] **중앙점 재하장치**

② 중앙점 재하장치

중앙점을 재하하기 위한 장치는 중앙점 연직으로, 또한 중심이 치우치지 않도록 가할 수 있는 2개의 지지롤러와 1개의 재하롤러로 이루어져 있으며, 공시체를 설치하였을 때 안정되고, 충분한 강성을 가지는 것으로 한다.

7.5 공시체의 휨강도 시험방법

1) 단순보의 3등분점 하중법에 의한 휨강도 시험방법

① 시험기는 용량의 1/5에서 용량까지의 범위에서 사용한다. 동일 시험기에서 용량을 바꿀 수 있는 경우에는 각각의 용량을 별개의 용량으로 간주한다.

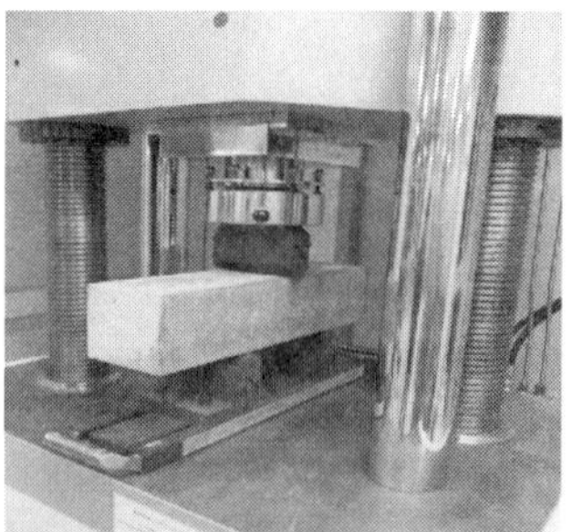

[사진 2.3.79] **휨강도 시험기**

② 공시체는 콘크리트를 몰드에 채웠을 때의 옆면을 상·하면으로 하여 베어링 폭의 중앙에 놓고 표점거리(지간)의 4점에 상부 가압장치를 접촉시킨다. 이때 재하장치의 접촉면과 공시체면 사이에 어디에도 틈새가 없도록 해야 하며, 만일 틈새가 생기는 경우에는 접촉부의 공시체 표면을 평평하게 갈아서 잘 접촉되도록 한다.

③ 지간은 공시체 높이(공칭치수)의 3배로 한다.

④ 공시체에 충격을 주지 않도록 일정하게 하중을 가한다. 하중을 가하는 속도는 가장자리 응력도의 증가가 표준으로서 매초 0.06±0.04MPa이 되도록 한다.

⑤ 공시체가 파괴될 때까지 시험기가 표시되는 최대하중을 유효숫자 셋째자리까지 읽는다.

⑥ 파괴단면의 폭은 세 곳에서 0.1mm까지 측정하여 그 평균값을 소수점 이하 첫째자리에서 끝맺음한다.

⑦ 파괴단면의 높이는 두 곳에서 0.1mm까지 측정하여 그 평균값을 소수점 이하 첫째자리에서 끝맺음한다.

⑧ 휨강도는 파괴 위치에 따라 다음 각 식으로 계산하여 유효숫자 셋째자리까지 구한다.

- 공시체가 인장쪽 표면 지간방향 중심선의 4점 사이에서 파괴되었을 경우

$$f_b = \frac{Pl}{bh^2} \quad \text{(4점 재하법)}$$

여기서, f_b : 휨강도(MPa)

P : 시험기가 표시하는 최대하중(N)

l : 표점거리(지간)(mm)

b : 파괴단면 너비(mm)

h : 파괴단면 높이(mm)

- 공시체가 지간의 4점 바깥쪽에서 파괴되고, 또한 4점에서 파괴단면과 중심선이 교차하는 점까지의 거리가 지간의 5% 이내인 경우

$$f_b = \frac{3Pl}{2bh^2} \text{ (중앙점 재하법)}$$

여기서, f_b : 휨강도(MPa)

P : 시험기가 표시하는 최대하중(N)

l : 표점거리(지간)(mm)

b : 파괴단면 너비(mm)

h : 파괴단면 높이(mm)

- 공시체가 지간의 4점 바깥쪽으로 파괴되고, 하중점에서 파괴단면까지의 거리가 지간의 5% 이상인 경우는 그 시험결과를 무효로 하여 시험을 다시 하여야 한다.

8 콘크리트의 쪼갬인장강도 시험방법 (KS F 2423 : 2021)

8.1 콘크리트 쪼갬인장강도 시험에서 알아야 할 사항

① 인장강도(引張强度, tensile strength) : 재료가 인장력을 받아 파단(破斷)될 때의 강도를 말한다. 최대인장력을 그 재료의 단면적으로 나누어 단위면적에 대한 힘(MPa or N/mm^2)으로 나타낸다. 재료 시험을 통해 측정한다.

② 콘크리트의 인장강도는 압축강도와 비교하면 매우 작아 보통콘크리트의 경우 그 비는 약 1/10~1/13 정도이다. 콘크리트 압축강도(F_c)와 인장강도(F_t)와의 비 $\frac{F_c}{F_t}$를 취도계수(coefficient of brittleness)라고 하는데, 이 값은 압축강도(F_c)가 클수록 크다. 또한 인장강도는 콘크리트를 건조시키면 습윤한 콘크리트보다 저하한다. 콘크리트의 휨강도는 압축강도의 1/5~1/8 정도이고, 인장강도의 1.6~2.0배 정도이다. 그리고 전단강도는 압축강도의 1/4~1/6 정도이고, 인장강도의 2.3~2.5배이다.

③ 콘크리트의 순인장 시험은 인장강도가 매우 작아 순인장 시험을 통한 인장강도 측정은 공시체 제작관리는 물론 인장 시험을 위한 시험기에 장착하는 것도 어려우며 측정 오차도 발생하기 쉽다. 따라서 콘크리트의 인장강도는 아래의 쪼갬인장강도 시험으로 대체하여 측정한다.

8.2 콘크리트 쪼갬인장강도 시험체 규정의 목적

① 이 시험은 중심축을 포함한 연직면상에 직각방향으로 거의 일정한 인장응력이 나타나는 원리를 응용한 방법으로 콘크리트를 옆으로 뉘어놓고 압축하중을 가하여 실시하는 쪼갬인장강도 시험이다.

② 콘크리트의 인장강도를 파악함으로써 콘크리트관, 파일, 도로포장판 등 콘크리트 제품의 균열에 대한 저항성능을 어느 정도 판단할 수 있다.

③ 콘크리트의 인장강도는 압축강도의 약 1/10~1/13이고, 콘크리트 구성재료가 주는 요인은 압축강도보다 상대적으로 큰 영향을 준다.

④ 콘크리트의 인장강도는 압축강도에 비하여 매우 적으므로 철근콘크리트 설계에서는 무시되지만, 건조수축 및 온도변화 등에 의한 균열 경감 및 방지를 도모하기 위하여 인장강도의 크기를 알 필요가 있다.

8.3 콘크리트 쪼갬인장강도 시험용 공시체 제작

① 원주형으로 높이가 지름의 2배가 되는 형상을 가진다.

② 상기 방법 중 시험실에서 제작하는 경우 동일 조건(공시체의 시험재령도 포함)의 시험에 대해 3개 이상의 공시체수를 제작한다. 이 3개 이상의 공시체는 2배치 이상의 콘크리트로 만든다. 기타 제조시는 시험, 실험목적에 따른다.

③ 공시체의 지름은 굵은 골재의 최대치수에 따라 다음과 같이 한다.

[사진 2.3.80] **실린더 몰드 측정**

[표 2.3.4] **굵은 골재 최대치수 및 공시체 지름**

굵은 골재 최대치수(mm)	공시체 지름(mm)
40 이하 40 이상	굵은 골재 최대치수 3배 이상, 100mm 이상

주) 공시체 지름의 표준은 100mm, 125mm, 150mm이다. 굵은 골재 최대 치수가 40mm를 넘는 경우에는 40mm의 망체로 쳐서, 40mm를 넘는 입자를 제거한 시료를 사용하여 지름 150mm의 공시체를 이용할 수 있다. 여기에서 40mm의 망체는 KS A 5101-1에 규정하는 호칭 치수 37.5mm의 망체를 말한다.
공시체의 높이는 공시체 지름의 2배 이상으로 한다.

8.4 시험기구

- **압축공시체 몰드**: 시험의 목적에 따라 그 형상과 규격이 다르며, 각 시험법은 규정된 나라의 관련 규격을 참조할 것.(콘크리트의 압축강도 시험의 시험기구와 동일 동일)
  ① 금속제 원통으로 세로에 1개 또는 2개의 이음매를 가진 옆판 및 밑판으로 구성되어 적당한 고정쇠로 조립할 수 있어야 한다.
  ② 몰드는 공시체를 제작할 때 변형이나 누수가 없어야 한다.
  ③ **치수의 오차**: 지름 1/200, 높이 1/100 이하, 밑면의 평편도 0.02mm이며, 몰드 조립한 후 몰드 옆판의 축과 밑판은 직각이어야 한다.
  ④ 몰드의 이음매는 기름흙, 단단한 그리스 등을 얇게 붙여 조립한다. 몰드 내면에는 공시체의 탈형시 박리의 편리를 위해 광물성 기름(폐유, 그리스 등)을 얇게 도포한다.

- **다짐봉**: 길이 500~600mm, 앞 끝이 반구 모양을 한 지름 16mm로 되어 있는 강재로 한다.
- **진동장치**: 콘크리트용 외장형 진동 장치로 다지는 경우, KS B ISO 18652에 규정되어 있다. 기타 다른 방법에 의해 다지는 경우, 대상이 되는 콘크리트 시료를 충분히 다질 수 있는 성능을 가져야 한다.

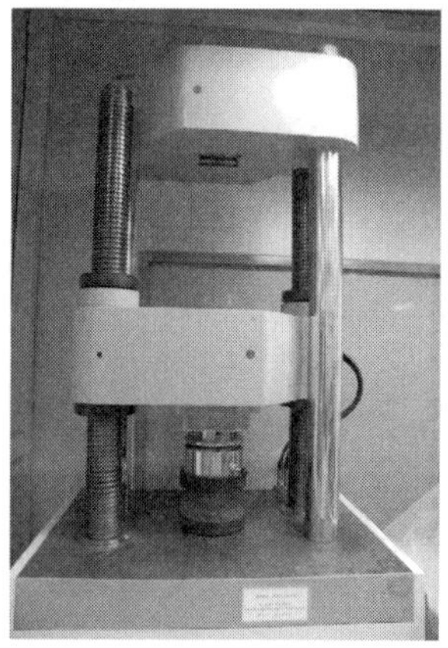

[사진 2.3.81] **압축강도 시험기**

• 누름판 : 캐핑에 이용하는 누름판은 두께 6mm 이상의 미판유리로 하고 크기는 몰드의 지름보다 25mm 이상 크게 한다.

8.5 공시체의 쪼갬인장강도 시험방법

① 공시체는 지름 150mm의 원기둥형으로 하고 그, 길이를 지름 이상으로 한다. 공시체를 제작하고 양생하는 방법은 압축강도 시험용 공시체의 경우와 같다.(일반적으로 지름 100mm를 주로 사용한다.)

② 공시체의 양단에 지름선을 그리고 그 양단의 지름선에 평행하여야 한다.

③ 공시체의 지름은 양단부 근처와 중앙부의 3지름을 0.1mm의 정밀도로 측정하여 그 평균값을 지름으로 취한다.

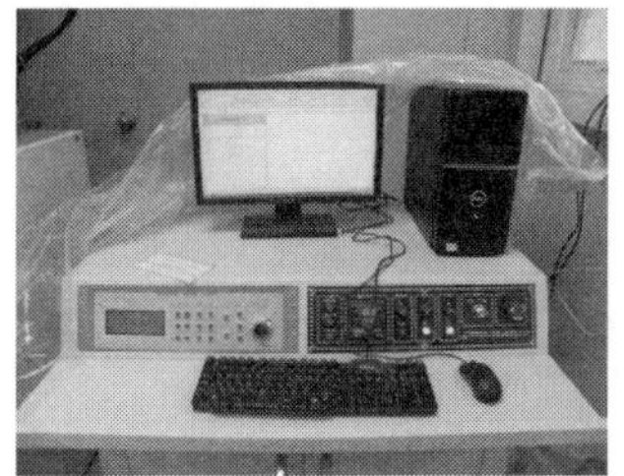

[사진 2.3.82] 압축강도 측정기 컨트롤러

[사진 2.3.83] 쪼갬인장강도 측정 시험(정면)

[사진 2.3.84] 쪼갬인장강도 측정 시험(옆면)

[사진 2.3.85] 쪼갬인장강도 항복한 상태

[사진 2.3.86] 쪼갬인장강도 파괴분리된 상태

[사진 2.3.87] **시험 후 상태**

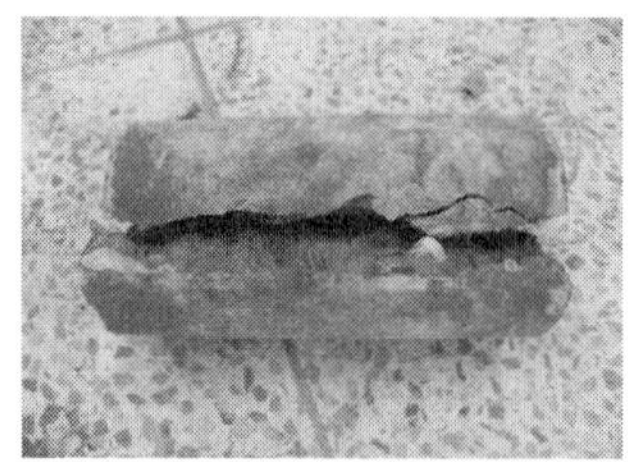

[사진 2.3.88] **쪼개진 선 상태**

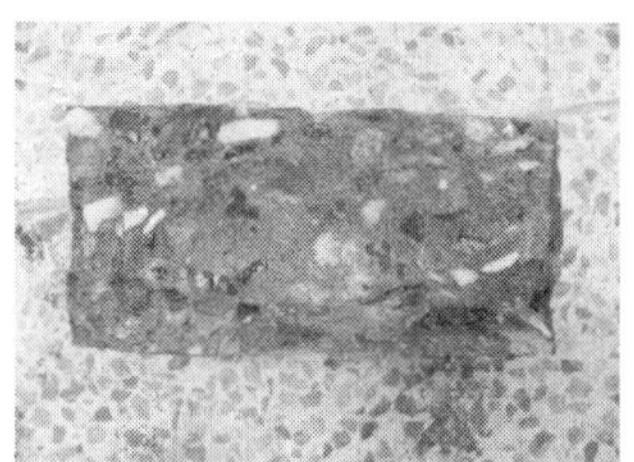

[사진 2.3.89] **파괴된 단면**

④ 공시체의 길이는 양단의 지름의 표시선을 포함한 평면에서 2개소 이상을 0.1mm까지 정밀도로 측정하여 그 평균값을 길이로 한다.

⑤ 공시체의 위치는 먼저, 하부 지지블록의 중심에 따라 베니어판 1장을 맞춘다. 베니어판 위에 공시체를 올려놓고 공시체 양단의 표시선이 연직이 되도록 하여 중심선을 맞춘다. 나머지 베니어판을 공시체의 길이방향으로 표시선에 따라 중심선을 맞춘다. 이 경우 공시체의 양단에 표시한 지름으로 이어지는 평면이 윗부분 지압판의 중심선을 통과하여야 하며, 지지봉 또는 지지판을 사용할 때는 공시체의 중심과 구면좌블록의 중심이 일치되어야한다.

⑥ 재하속도는 공시체가 파괴될 때까지 계속적으로 충격 없이 하중을 가하되, 인장강도가 매초 0.06±0.04MPa의 일정한 비율로 증가하도록 해야 한다.

⑦ 공시체의 인장강도는 다음 식으로 계산한다.

$$f_{sp} = \frac{2P}{\pi dl}$$

여기서, f_{sp} : 쪼갬인장강도(MPa or N/mm^2)

P : 시험기에 나타난 최대하중(N)

l : 공시체의 길이(mm)

d : 공시체의 지름(mm)

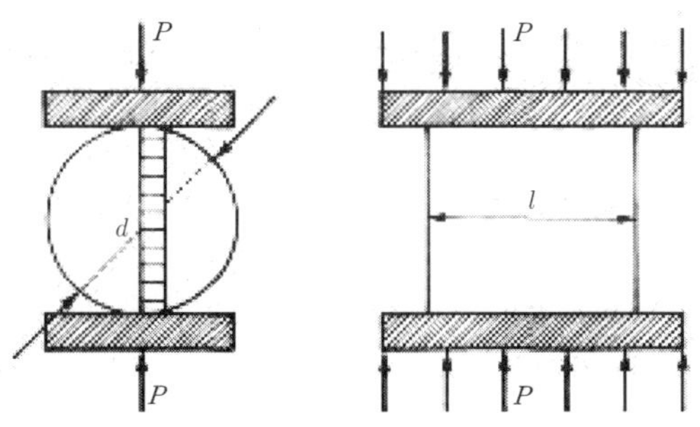

[그림 2.3.4] 쪼갬인장강도 계산

8.6 공시체의 쪼갬인장강도 시험 시 주의사항

① 콘크리트의 강도는 공시체의 건조상태나 온도에 따라 상당히 변화하는 경우도 있으므로 양생을 끝낸 직후의 상태에서 시험을 해야 한다.

② 공시체의 몰드 이음부가 가압판에 접하도록 설치하면 공시체 면과 가압판 사이에 틈새가 생기는 경우가 많으므로 틈새가 생기지 않도록 공시체를 편평하게 처리한다.

③ 시험에 앞서 틈새가 생기지 않는 접촉선을 골라 상하의 접촉선을 잇는 선을 공시체 측면에 표시하고, 또한 상하의 가압판 중심에도 접촉선(s_1)을 표시하여 양자의 접촉선이 정확하게 일치하도록 공시체를 설치해야 한다. 또한 적절한 지그를 사용하여 공시체를 설치할 수 있다. 그리고 원주의 축선방향으로도 편심하지 않도록 한다.

9 골재 중의 염화물 함유량 시험방법(KS F 2515 : 2019)

9.1 염화물 함유량 시험목적

골재 및 콘크리트 속에 포함되어 있는 염화물을 측정하는 시험으로 바다 모래를 비롯하여 콘크리트, 모르타르 또는 시멘트 제품에 사용되는 골재의 표면에 묻어 있는 염화물을 측정하는 방법에 대하여 규정한다.

9.2 시험기구

- 저울 : 끝달림 0.1g
- 비커 : 100mℓ 또는 1,000mℓ로 시료와 같은 수량
- 삼각 플라스크 : 100mℓ로 시료와 같은 수량
- 홀 피펫 : 50mℓ
- 메스 피펫 : 2mℓ
- 메스 실린더 : 500mℓ
- 건조기 : 100~150℃ 유지 가능한 것
- 뷰렛(갈색), 유리막대, 데시케이터, 유리병(갈색), 은박지, 메스 플라스크

9.3 시험방법

1) 시약 및 조제 방법

① 0.1N 질산은 용액 : 질산은($AgNO_3$) 특급 시약을 100~150℃로 유지된 건조기에서 약 1시간 동안 건조하고, 데시케이터에서 식힌 후 16.9873g을 정확히 달아 메스 플라스크에 넣고 소량의 증류수로 용해한 다음 1,000mℓ가 되도록 증류수로 희석하여 유색병에 보관한다.

② 5% 크롬산칼륨 용액 : 크롬산칼륨 시약(K_2CrO_4) 5g을 메스 플라스크에 넣어 소량의 증류수로 용해한 다음, 100mℓ가 되도록 증류수로 희석하여 시약 보존용 갈색 유리병에 보존한다.

2) 시험방법

① 채취한 시료를 충분히 혼합하여 이 중 500g을 비커에 취하고 105±5℃의 온도로 질량 변화가 더 이상 없을 때까지 건조하여, 데시케이터에서 식힌 후 절대건조질량(W)을 구한다.

② 건조시킨 시료에 증류수 500㎖를 가하여 3시간 후에 약 5분 간격으로 유리 막대로 3회 이상 저어준 다음, 은박지로 덮고 부유 물질이 침전하도록 놓아둔다. (침전이 가라앉지 않아 현탁한 상태로 있으면 이를 급속 여과지로 걸러 시험한다.)

③ 상등액 50㎖를 홀피펫으로 취하여 삼각 플라스크에 담고, 여기에 5% 크롬산칼륨 용액 1㎖를 메스 피펫으로 첨가한 후 시험액을 휘저으면서 뷰렛에 채워둔 0.1N 질산은 용액을 한 방울씩 천천히 가한다.(이때 용액의 색이 황색에서 적갈색으로 변하여 없어지지 않는 점을 종말점으로 하고, 소요된 질산은 용액의 양을 구한다.)

④ 시험은 2회 이상 실시하며, 바탕시험으로 시험에 사용된 증류수 50㎖에 크롬산칼륨 용액을 약 1㎖ 가하고, 위의 방법에 따라 0.1N 질산은 용액으로 적정하여, 여기에 소요된 질산은 용액의 양을 구한다.(염분이 미량일 경우에는 0.1N 질산은 용액 100㎖를 홀피펫으로 취하여 메스 플라스크에서 정확히 1,000㎖가 되도록 증류수로 희석한 것(0.01N $AgNO_3$)을 사용할 수 있다.)

[사진 2.3.90] **상등액에 0.1N 질산은 용액 첨가**

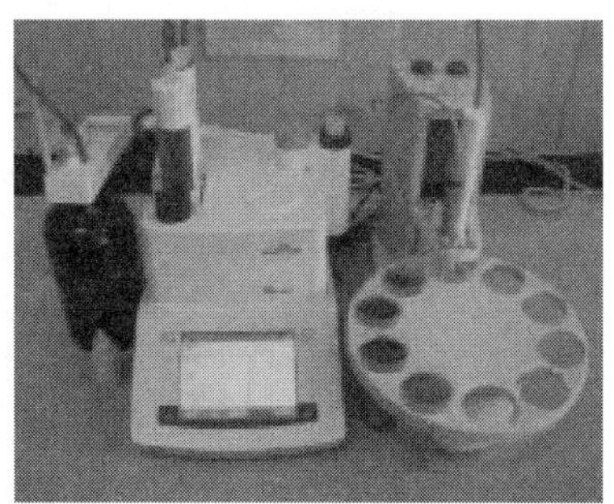

[사진 2.3.91] **염화물함유량 시험**

9.4 계산방법

염화물 함유량은 다음 식에 따라 계산한다.

$$\text{염화물함유량}(\%) = 0.00584 \times \frac{(A-B)\times 10}{W} \times 100$$

여기에서 염화물 함유량 : 염화나트륨(NaCl)으로 환산한 수치

0.00584 : 0.1N 질산은($AgNO_3$)용액 1mℓ의 염화나트륨(NaCl) 해당량(다만 0.01N 질산은 용액 1mℓ의 염화나트륨 해당량은 0.000584)

A : 시험에 사용된 0.1N 질산은($AgNO_3$) 용액 소비량(mℓ)

B : 바탕 시험에 사용된 0.1N 질산은($AgNO_3$) 용액 소비량(mℓ)

W : 시료의 절대 건조 질량(g)

9.5 시험결과

시험은 2회 실시한 것의 평균으로 하며, 결과 값은 KS F 4009(2021) 레디믹스트 콘크리트 5.5 염화물 함유량 기준에 따라 염소 이온(Cl^-) 량으로서 0.30kg/m^3 이하로 한다. 다만 사용 승인을 얻는 경우에는 0.60kg/m^3 이하로 할 수 있다.

자세한 적용 및 분석방법 및 결과해석 등은 KS F 4009(2021)레디믹스트 콘크리트의 부속서 A를 참고한다.

※ 참고 : 최근 건설현장에서는 적정법에 의한 염화물 측정기기를 통해 굳지 않은 콘크리트의 염화물농도(%)를 측정하는 경우가 대부분이며, 기준은 실험실에서 실시하는 KS F 4009 기준과 동일한 0.30kg/m^3 이하를 적용한다. (사용 승인을 얻는 경우에는 0.60kg/m^3 이하까지 가능)

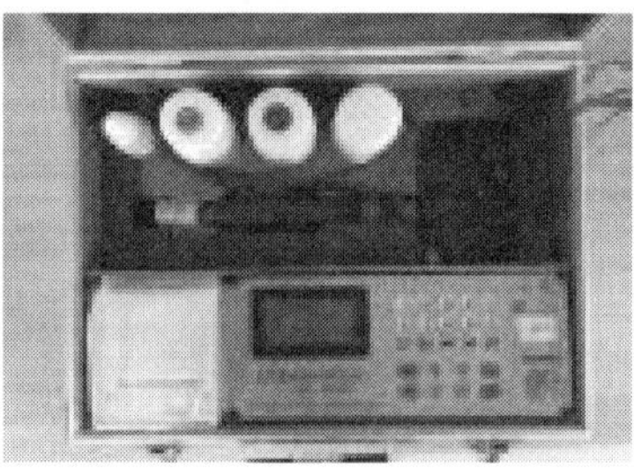

[사진 2.3.92] **콘크리트 염화물 측정기**

[사진 2.3.93] **건설현장 콘크리트 염화물 측정**

현장 비파괴 시험

CHAPTER 1 비파괴 시험 개요

CHAPTER 2 철근콘크리트 구조

CHAPTER 3 철골(강) 구조

CHAPTER 1

비파괴 시험 개요

1 비파괴 시험의 목적

철근콘크리트 구조는 콘크리트 속에 철근을 보강한 것으로 구조적으로 향상된 성능으로 많이 사용되지만, 이 역시 콘크리트의 균열, 철근의 부식, 그 밖의 여러 가지 요인에 따라서 구조물의 수명이 단축된다. 여러 가지 조건에 따라 다르겠지만, 콘크리트 구조물의 예상수명은 짧게는 10~20년, 보통은 40~50년이라 말하고 있다. 이러한 예상수명은 중성화속도에 의한 판정결과로 추측은 가능하지만 정확하게 수명을 판정하는 확실한 기준은 없다. 문제는 어떠한 상태로 구조물이 존재하는지가 커다란 문제일 것이다. 또한, 건축물의 용도변경(사무실을 주차장으로 사용하고자 할 때 등) 시에 필요 구조내력이 변경되므로 이때도 구조체의 내력평가가 필요하다.

한편 1990년대 발생한 구조물의 붕괴사고(성수대교, 삼풍백화점) 이후, '시설물의 안전관리에 관한 특별법(현재 시설물의 안전 및 유지관리에 관한 특별법)'이 제정되어 법적인 유지관리가 이루어지고 있다. 따라서 이처럼 용도 및 설계 변경과 유지관리 측면에서 구조물의 상태를 파악하는 것이 중요하다.

가장 정확한 방법은 파괴시험과 성분검사를 말할 수 있다. 하지만 기존 구조체의 손상 등 수반되는 문제점이 발생하므로 이 시험방법은 특별한 경우를 제외하고는 적용하지 않는다. 그에 따라 현재 시설물 안전진단은 육안조사에 따른 자료를 토대로 콘크리트와 강재에 대한 여러 가지 비파괴 시험이 실시되고 있다.

비파괴 시험은 1940년대 후반부터 신속하고 신뢰할만한 콘크리트의 품질을 평가할 수 있는 방법으로 많은 연구가 진행되었다. 그중 몇 가지 시험법들이 다음의 이유로 유용하게 사용되고 있다.

① 비파괴 시험은 품질관리를 위한 도구로 사용
② 거푸집 제거 시기를 결정하는되 활용
③ 기존 구조물에서 콘크리트의 건전성(soundness)을 평가

다만 이러한 비파괴 시험의 경우, 정확한 콘크리트의 강도, 철근 부식의 정도 등을 측정하는 것이 아닌 다른 특성과 연계를 통해 이를 추정하는 것이며, 골재의 형태, 크기, 재령, 함수량, 배합설계, 배근 및 피복두께 등 다양한 요인에 따른 인자에 영향을 받는다. 본 장에서는 비파괴 시험에 대한 간략한 소개와 더불어 현장에서 사용되는 비파괴 시험방법에 대해 알아보고자 한다.

2 비파괴 시험의 종류

2.1 비파괴 시험의 적용

비파괴 시험이란 구조의 원래 기능을 파손시키지 않고 수명을 평가하기 위한 시험을 말한다. 이러한 시험에는 콘크리트 표면 손상도 포함되며 이를 '부분파괴 시험'이라고 한다. 또한, 코어채취와 같이 부분적으로 구조체의 샘플을 채취한 후 보수함으로써 구조 안전성을 상실하지 않도록 하는 것도 같은 범주에 포함할 수 있다. 비파괴 시험은 교량 및 지하철 등과 같은 토목시설물과 건축물, 그리고 문화재와 같은 구조물에 사용되고 있다.

비파괴 시험은 신축 구조물과 기존 구조물에 모두 적용되고 있지만, 그 목적은 차이가 있다. 신축 구조물의 경우, 구조체의 품질 및 설계 강도 등과의 일치성에 초점이 맞춰져 있다. 그러나 사용되고 있는 기존 구조물에서의 비파괴 시험은 구조물의 내구성 측면과 내력 측정에 맞춰져 있다.

비파괴 시험이 필요한 경우는 다음과 같이 정리할 수 있다.

① 재료의 열화(경년변화) 또는 화재, 피로, 과하중(over Load)으로 인한 구조물 손상에 따른 안전성 평가(현 상태에 대한 모니터링)

② 구조물 손상에 따른 보수와 이에 따른 상태평가 및 품질검사

③ 거푸집 해체, 양생, 보양 등 하중 적용과 관련된 강도 발현 점검

④ 구조물 용도변경, 증축, 구조물의 매매 또는 보험 등 요인에 따른 상태평가

2.2 비파괴 시험 구분 : 조사대상에 따른 구분

비파괴 시험 일부의 경우, 그 방법과 장비가 다른 분야에서도 활용되지만, 건축 분야에서만 활용되는 경우도 있다. 따라서 장비의 원리를 파악해야 할 뿐만 아니라 구조물의 거동, 구조물의 손상 과정 등의 원리를 모르는 상태에서는 효과적인 시험을 수행할 수 없다. 비파괴 시험은 시험장비나 기구의 조사대상, 조사목적, 원리 등에 따라 구분할 수 있다.

1) 철근콘크리트 구조물

① 콘크리트 강도조사 : 반발경도법, 초음파탐사법, 복합법, 인발법 등

② 콘크리트 결함조사 : 초음파탐사법, 충격반향기법, 음향방출법

③ 콘크리트 내구성 조사 : 중성화 시험, 염분함량 시험, 함수량 시험

④ 철근배근 조사 : 전자유도법, 전자파표면법, 초음파법, 방사선투과법

⑤ 철근부식도 조사 : 자연전위법, 분극저항법, 전기저항법, 표면전위차법

2) 철골구조물

① 용접부 결함조사 : 방서선투과시험, 초음파시험, 자기탐상검사 등

② 부식상태 조사 : 초음파두께 측정기

③ 도막두께 조사 : 도막두께 측정기(초음파식, 와전류식, 전자식, X선식)

④ 고력볼트 조임력 조사 : 해머 타격시험, 초음파 축력계 시험, 토크측정법

3) 지반 및 기초조사

① 지반조사: 탄성파탐사, 전기비저항탐사, GPR조사, 전자탐사법

② 말뚝깊이 측정: 평행탄성파법, 시추공레이더법, 시추공자력탐사법

③ 기초 건전도 시험: 검측공시험법, 두부타격법

2.3 비파괴 시험 구분: 조사목적에 따른 구분

① 재료의 강도추정: 압축강도, 인장강도, 휨강도, 부착강도, 침식저항성 등

② 화학적 요인: 중성화깊이, 알칼리골재반응, 염화물함유량 등

③ 물리적 상태: 균질성, 공극률, 철근피복두께, 함수율, 동결융해저항성 등

④ 외관상태: 균열, 박락, 처짐, 누수, 백화 등

⑤ 내부결함탐사: 균열, 공극, 박리 등

2.4 비파괴 시험의 종류

비파괴 시험은 구조물 검사에 있어 시험대상에 대한 손상 없이 대상물의 성질, 상태 또는 내부구조를 알아보기 위한 조사법 전체를 가리킨다. 현재까지 개발되어 콘크리트에 적용되는 비파괴 시험법은 적용 목적에 따라 크게 두 가지로 분류할 수 있다. 첫째는 콘크리트 강도 추정을 목적으로 하는 비파괴 시험이며, 둘째는 콘크리트 강도 이외 물성 및 내부상태를 조사하기 위한 목적의 비파괴 시험방법이 있다. 또한, 적용방법에 따라 국부파괴법, 접촉식 및 비접촉식법으로 나눌 수 있다.

1) 국부파괴법

① 관입저항법: 총을 사용하여 탐침을 콘크리트 내부에 관입시킨 후 침투깊이를 측정하여 콘크리트 압축강도 및 균질성 평가

② 인발법: 기구를 콘크리트에서 뽑아내는 데 필요한 힘을 측정하여 콘크리트의 압축 및 인장 강도를 추정하는 방법

③ 내시경법: 내시경장비를 이용하여 관찰하는 방법

2) 접촉식 방법

① **표면 타격법**: 스프링 힘을 받는 측정봉이 콘크리트 표면을 타격한 후, 튕겨진 거리를 측정함으로써 콘크리트 강도를 평가

② **초음파법**: 내부의 밀도에 따라 전달속도가 다른 원리를 이용하여 발진자에서 발신된 초음파가 콘크리트 내부 재료를 통해 인접한 수진자로 되돌아오는 시간을 측정하여 콘크리트 균질성, 품질, 압축강도, 탄성계수 예측

③ **자기법**: 콘크리트에 매입되어 있는 철근은 자기장에 영향을 미치는 원리를 이용하여 철근의 피복두께 및 크기, 철근 위치 등을 탐지하는 데 사용

④ **전위법**: 철근과 콘크리트 사이의 전위차를 측정하여 전위도를 작성하고 철근의 부식정도를 평가하는 시험

3) 비접촉식 방법

① **전자파법**: 콘크리트 내력, 공극 및 박리 또는 구조체의 두께를 검사하는 방법

② **적외선법**: 구조물에서 발산하는 적외선을 탐지하여 콘크리트에 발생한 균열 및 박리, 내부공극을 알아내는 방법

③ **방사선법**: X선 또는 γ선 등 방사선의 흡수율은 시험체 두께와 밀도에 영향을 받는다는 원리를 이용하여 철근의 상태 및 위치, 콘크리트 밀도, 두께 등을 조사하는 방법

④ **공진법**: 두 반사면 사이에서 공진 조건을 일으켜 현장에서 공극과 박리를 찾아내는 데 사용

[표 3.1.1] **사용용도 및 목적에 따른 비파괴 시험 종류 지름**

<table>
<tr><th colspan="2">사용용도</th><th>측정방법</th><th>내용</th></tr>
<tr><td colspan="2" rowspan="4">강도추정</td><td>슈미트해머법</td><td>콘크리트 표면 타격에 따른 반발경도에서 강도를 추정</td></tr>
<tr><td>초음파속도법</td><td>콘크리트 속을 전파하는 초음파의 속도에서 동적 특성 및 강도를 추정</td></tr>
<tr><td>인발법</td><td>콘크리트 속에 매립된 볼트 등의 인발내력에서 강도를 측정</td></tr>
<tr><td>조합법</td><td>반발경도, 초음파속도, 인발내력 등 2종류 이상 비파괴 시험값을 통해 강도 추정</td></tr>
<tr><td rowspan="7">내부탐사</td><td rowspan="3">균열결함공극</td><td>탄성파법</td><td>초음파 충격파의 전파 속도나 반사파의 파형을 분석해서 콘크리트 속의 결함부나 균열을 탐사</td></tr>
<tr><td>Acoustic Emission법</td><td>미소 파괴에 수반하여 발생하는 탄성파의 파형이나 발생빈도를 분석하여 성능저하 상황, 파괴원 위치 등을 조사</td></tr>
<tr><td>적외선법</td><td>측정대상의 표면 온도 분포를 적외선 복사 온도계로 측정하여 마감재의 박리, 내부결함, 균열 등을 조사</td></tr>
<tr><td rowspan="4">철근위치
강재부식</td><td>자기법</td><td>내부 철근의 존재에 의한 자기의 변화를 측정하여 철근의 위치, 지름, 피복두께 등을 추정</td></tr>
<tr><td>방사선투과법</td><td>콘크리트 속을 투과하는 방사선의 강도를 촬영하여 내부 철근이나 공동 등을 조사</td></tr>
<tr><td>레이저법</td><td>콘크리트 속에 수백MHz~수MHz정도의 전자파를 안테나에서 발사하고, 반사파를 분석해서 내부 철근이나 공동 등을 조사하는 방법</td></tr>
<tr><td>자연전극 전위법</td><td>콘크리트 속의 철근과 콘크리트 표면 위에 대조전극과 전위차(자연전위)를 측정해서 내부 철근의 부식상황을 추정</td></tr>
</table>

3 비파괴 시험 관련 규격

3.1 콘크리트 비파괴 시험 규격

KS F 2418 콘크리트의 펄스 속도 시험방법

KS F 2422 콘크리트 코어 및 보의 시료 절취 및 강도 시험방법

KS F 2585 콘크리트의 알칼리 실리카 반응성 시험방법

KS F 2596 콘크리트 탄산화 깊이 측정방법

KS F 2730 콘크리트 압축강도 추정을 위한 반발강도 시험방법

KS F 2731 콘크리트 압축강도 추정을 위한 초음파 펄스 속도 시험방법

KS F 2732 콘크리트 압축강도 추정을 위한 인발 강도 시험방법

KS F 2733 콘크리트 압축강도 추정을 위한 관입 저항 시험방법

3.2 철근 비파괴 시험 규격

KS F 2590 콘크리트의 강재 부식평가방법

KS F 2712 코팅되지 않은 콘크리트 내부 철근의 부식 전위 시험방법

KS F 2734 전자기유도법에 의한 철근 탐사 시험방법

KS F 2735 전자파레이더법에 의한 철근 탐사 시험방법

KS F 2736 콘크리트 내부 철근의 분극저항 측정방법

KS F 2737 지시약에 의한 콘크리트의 염소이온 침투 깊이 측정방법

KS F 2599-1 철근 콘크리트의 촉진부식 시험방법 제1부 : 오토클레이브방법

KS F 2599-2 철근 콘크리트의 촉진부식 시험방법 제2부 : 건습반복법

KS F 2600 화상 분석방법을 이용한 철근의 부식평가 방법

CHAPTER

2 철근콘크리트 구조

1 개요

우리나라는 1980년대의 급속한 경제발전과 함께, 전국적으로 건축·건설업의 활성화와 이를 통한 개발이 이루어졌으며, 고속도로, 철도 등 건설업부터 고층빌딩, 공동주택 단지 조성 등의 건축업까지 놀라운 성장과 발전을 이루었다. 이렇게 지어진 구조물의 대부분은 철근콘크리트 및 철골구조로 이루어져 있다.

일반적으로 철근콘크리트 구조로 시공되는 현장에서 사용되는 비파괴 검사의 경우, 육안 검사에 의해 콘크리트의 균열 및 박리를 검토하는 것을 가장 기본으로 하며 그 정도에 따라 보수 가능 여부, 보수방법 등에 대해 평가하고 적용한다.

그러나 사용 기간의 경과에 따른 열화, 재해에 따른 잔존강도 평가, 동절기 및 하절기 양생 등에 따른 압축강도의 추정에는 코어채취를 통한 강도측정이 아닌 비파괴 시험에 의한 압축강도 추정을 가장 많이 사용하고 있다.

따라서 본 장에서는 압축강도 추정에 널리 사용되는 슈미트 해머(Schmidt Hammer)에 따른 비파괴 시험방법만을 다루었다. 다른 비파괴 시험의 경우, 전문적인 건축 안전진단 업체를 통해 시험 및 검사가 이루어진다.

1.1 콘크리트 비파괴 시험

앞서 언급한 것처럼 콘크리트의 비파괴 시험은 탄산화 및 중성화, 알칼리 실리카 반응에 따른 콘크리트의 균열과 추정을 통한 압축강도를 조사하는 방법으로 나누어지고, 크게 파괴검사와 비파괴검사로 분류된다. 여기서 파괴검사는 기존의 콘크리트 구조물에서 코어를 채취하여 압축강도를 측정하는 국부파괴법인 코어 채취시험이 있는데, 비록 국부파괴이지만 구조물의 손상은 피할 수 없다. 따라서 대상시설물의 규모와 중요도 등에 따라 최소한의 코어를 채취한 후 비파괴 시험에 의한 강도 추정법과 비교하여 보정하는 평가법이 유용하게 이용되고 있다.

비파괴 시험에 의한 콘크리트 강도를 평가하기 위해서는 반발경도법, 초음파 속도법, 조합법 등 기존에 제안된 식들을 이용하여 강도를 평가하고, 신뢰성을 증진시키기 위해서는 최소한의 코어를 채취하여 강도를 비교함으로써 상관성이 가장 양호한 비파괴강도 추정식을 이용하여 구조물의 강도를 평가한다.

1.2 철근 비파괴 시험

콘크리트는 알칼리성이 높아 철근을 부식으로부터 보호하지만 염소이온의 침투나 탄산화(carbonation)가 발생할 경우, 철근의 부동태(passivation) 피막이 파괴되면서 부식이 발생한다. 철근 부식은 철근의 단면손실, 콘크리트 팽창균열 등을 유발하여 부착 강도 감소 및 구조 내력 감소를 일으키므로 구조물의 상태를 평가함에 있어 철근 부식 정도를 조사하는 것은 매우 중요하다.

콘크리트 중의 철근 부식은 전기화학적 반응에 의하여 진행되므로 철근 부식 조사도 전기화학적인 방법을 적용한다.

철근의 부식을 조사하는 방법 중, 육안검사를 통해서는 부식 형태와 부식 수준을 파악할 수 있으며, 구조물로부터 강재를 채취한 재료 시험에서는 부식 면적률, 부식 수준, 부식에 의한 강재의 단면감소, 중량변화율, 인장강도 등을 측정하여 부식 상황을 정확히 평가할 수 있다. 그러나 이 방법은 부재 파손으로 인한 구조물 손상 영향을 고려해야 하기 때문에, 철근부식도 조사에는 일반적으로 비파괴검사방법인 자연전위법을 이용하고 있다.

2 콘크리트 압축강도 추정을 위한 반발경도 시험방법 (KS F 2730 : 2018)

2.1 일반사항

본 시험은 스프링 작동식 해머를 경화 콘크리트 표면을 대상으로 타격하여 획득한 반발경도로부터 콘크리트의 압축강도를 추정하는데 그 목적이 있다.

2.2 적용범위

① 이 표준은 스프링 작동식 테스트 해머를 사용하여 현장 콘크리트의 반발경도를 측정함으로써 콘크리트의 압축강도를 추정하기 위한 것이다.

② 본 시험은 콘크리트의 균질성 평가나 콘크리트의 압축강도 추정, 또는 거푸집이나 동바리의 제거 시기를 결정할 때 이용할 수 있다.

③ 이 시험은 콘크리트의 반발경도와 압축강도 사이의 상관관계에 따른 상관식을 도출하여 적용하는 것을 원칙으로 하며, 이것이 쉽지 않은 경우 기존의 콘크리트 강도 추정식을 활용하여 평가할 수도 있다.

2.3 시험기구

- **테스트 해머**: 테스트 해머는 스프링에 의해 장전된 한 개의 중추로 구성되며, 이 중추의 제어 장치가 풀렸을 때 콘크리트 표면과 접한 반구형 선단의 타격봉을 때릴 수 있어야 한다. 스프링 작동식 해머는 일정한 속도 조건에서 움직여야 한다. 타격봉이 콘크리트면을 타격한 후 반발하는 물리량(반발 간격)을 시험기의 지침에서 읽는다.
- **연삭 숫돌**: 중간 거칠기의 탄화규소 또는 그에 준하는 재질
- **테스트 앤빌**: 테스트 해머의 검정시에 사용, 지름 150mm의 타격면을 갖는 금형의 원주체

2.4 측정원리

일반적인 측정기인 N형 테스트해머의 구성은 그림 3.2.1과·같다. 사람의 힘을 테스트해머의 스프링에 전달하고 일정한 에너지가 충전된 추가 플랜저에 가격되며 이때 에너지는 플랜저 끝의 콘크리트 면으로 전달된다. 전달된 에너지는 콘크리트의 굳기에 따라 흡수와 반발이 일어나며, 반발되는 에너지가 플랜저를 통해 추에 전달되어 튀어 오르는데, 이때 튀어 오르는 에너지가 눈금판에 기록되게 하여 반발에너지 정도를 측정할 수 있으며, 이를 반발경도라 한다.

반발경도와 콘크리트 압축강도의 상관관계는 각각 동일하게 제작된 콘크리트 성형표본의 반발경도 및 압축강도 시험을 통하여 도출하며, 사용 중인 구조물인 경우 대상 구조물에서 코어를 채취한 코어강도와 반발경도와의 시험을 통하여 도출하기도 한다.

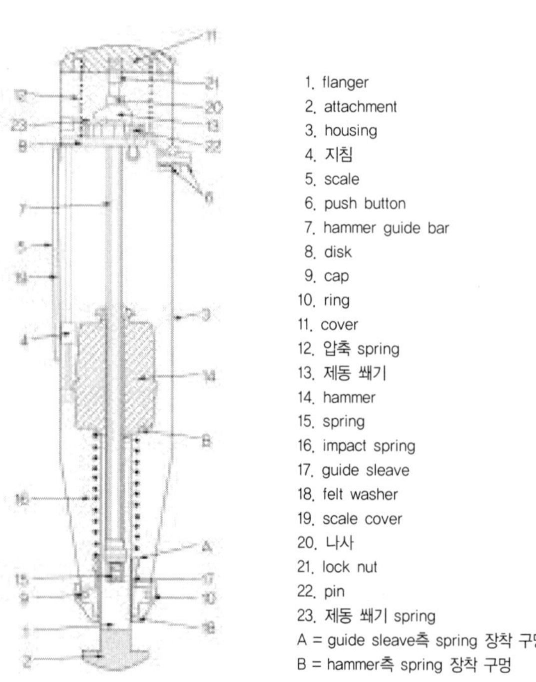

[그림 3.2.1] **N형 슈미트햄머의 구성도**

[표 3.2.1] **슈미트 해머의 종류 및 특징**

종 류	적용대상	타격에너지 (gf.on)	강도측정범위 (Mpa)	비 고
N형	보통콘크리트	0.255	15~60	반발도 직독식보통
NR형	보통콘크리트	0.255	15~60	반발도 자기기록식
L형	경량콘크리트	0.075	10~60	반발도 직독식
LR형	경량콘크리트	0.075	10~60	반발도 자기기록식
P형	저강도콘크리트	0.09	5~15	진자식
M형	애스콘크리트	3.00	60~100	반발도 직독식

2.5 측정방법

1) 측정 대상

① 공시체를 이용하는 경우: 콘크리트 공시체는 정입방체 또는 원주체가 이용되고 있으며, 타격횟수나 에너지 손실 또는 타격면의 편평성을 고려하면 정입방체를 활용하는 것이 바람직하나 압축강도 시험이 주로 원주형 공시체로 이용되고 몰드 구입도 간편하여 ϕ150×300mm의 원주체를 환용하는 경우가 많다.

② 현장 구조물을 이용하는 경우: 현장 구조물을 대상으로 반발경도를 측정할 때는 도장이나 흙손으로 마무리한 표면, 모르타르로 마감된 부위에서는 원 콘크리트의 반발경도와 차이가 발생되므로 마감면을 완전히 제거한 후 실시해야 한다. 또한 골재가 노출된 곳, 허니콤이나 기포 등에 의해 함몰된 곳 등에서는 대표성이 결여되므로 반드시 피해야 하며, 측정부위 두께가 100mm 미만인 곳과 콘크리트 모서리로부터 100mm 이내인 곳에서는 측정하지 않는 것이 바람직하다.

2) 측정 준비

① 현장구조체의 경우 측정면은 평탄한 면을 선정하고 거친면은 가능하면 피한다.

② 표면이 불량한 경우는 그라인더나 연삭숫돌 등을 이용하여 콘크리트 면이 편평할 때까지 다듬고 요철이나 분말 등을 제거한다.

③ 시험공시체를 이용하는 경우 측정면은 그대로 사용가능하며 시험 전 24시간 전에 수중에서 꺼내 건조 상태이어야 하며, 공시체의 응력을 7~10MPa을 가하여 고정한 상태에서 측정하는 것이 바람직하다.

④ 시험전 테스트 엔빌을 활용하여 측정기를 교정해야 하며, 이때 엔빌은 해머와 동일한 제조사의 제품을 사용해야 하며, 기준값은 엔빌을 제작한 제작사가 제시한 값을 적용해야 한다. 일반적으로 테스트엔빌에서 측정한 반발경도 R은 80을 기준으로 하고 있다.

테스트 엔빌에 의한 테스트 해머의 반발경도가 80을 기준으로 80±2의 범위는 적정한 것으로 하고, 가능한 한 80기 범위가 되도록 조정하는 것이 바람직하다. 이 범위를 벗어나는 경우는 테스트 해머의 조정나사로 조정하여야 하며 반발값 72 정도까지 나타나고 더 이상 반발값이 올라가지 않을 경우는 다음 식에 의하여 보정한다.

$$R = R_o \times 80 / R_a$$

여기서, R_a : 테스트 엔빌에 따른 하향 타격 시의 반발도

R_o : 반발도 R의 평균값

3) 측정방법

① 각 측정위치마다 테스트 해머에 의한 측정점의 수는 측정치의 신뢰도를 고려하여 20점을 표준으로 한다.

② 타격위치는 30mm 이내에 근접하지 않도록 하며, 이를 위하여 30~50mm의 규칙적인 격자를 그려서 교차점에서 타격하는 것이 바람직하다.

③ 타격은 콘크리트 면과 수직이 되도록 유지하고, 타격 압력은 서서히 증가시킨다.

④ 반발경도 시험을 행한 피 타격부는 미세균열이나 압밀될 수 있으므로 동일한 위치에서 한 번 이상의 충격을 가해서는 안 된다.

⑤ 타격 중에 타격부위가 골재이거나 공동과 같이 함몰된 곳으로 예상되면 그 값은 버리고 인접부위에서 부족한 측정값을 획득한다.

⑥ 타격 당시의 상황, 습윤 상태, 타격각도, 타격위치 등에 대한 자료를 기록한다.

2.6 반발경도의 계산

반발경도 측정값 20개의 평균을 산정하고, 평균값에서 ±20% 이상 벗어나는 경우의 시험값은 버리고 나머지 시험값의 평균을 산출한다. 이때 평균값에서 ±20% 범위를 벗어나는 시험값이 4개 이상인 경우는 그 부위의 측정값은 버린다. 강도 추정을 위해 사용하는 반발경도는 소수 첫째자리를 기준으로 하는 것이 바람직하다.

2.7 반발경도에 영향을 미치는 요인

콘크리트의 특성을 정확히 재현할 수 있는 반발경도 시험을 위해서는 반발경도에 영향을 주는 요인 및 콘크리트의 다양한 물리적 특성에 대한 보정이 필요하다.

① **콘크리트 내부의 온도**: 0℃ 이하의 온도에서 콘크리트는 정상보다 높은 반발경도를 나타내기 때문에 내부 융해 후 시험해야 한다.

② **테스트 해머의 온도**: 테스트 해머의 자체 온도가 반발경도에 영향을 미칠 수 있으므로 외기 온도가 극심하게 변동되는 경우 시험 자제

③ **콘크리트 표면 함수 상태**: 콘크리트는 함수율이 증가함에 따라 강도가 저하되고 반발경도도 저하되므로, 표면이 젖어 있지 않은 상태에서 시험을 해야 한다.(다만, 제조 업체가 제시하는 보정 절차를 따를 수 있다.)

④ **탄산화**: 탄산화의 효과는 콘크리트의 반발경도를 증가시킨다. 시험결과는 KS F 2730의 8.2와 같이 재령 보정 계수에 의해 탄산화로 인한 반발경도의 변화를 보상할 수 있으나, 탄산화가 특별히 과대한 경우 탄산화된 부분을 연마하여 제거하고 굵은 골재를 피해 시험한다.

⑤ **타격방향**: 타격 방향에 따라서는 수평 타격 시험값이 가장 안정된 값을 나타내기 때문에 수평 타격을 원칙으로 하며, 수평 타격 이외의 경우에는 장치의 특성에 맞는 보정이 필요하다. (이 경우, 테스트 해머 제조사가 제시하는 보정값을 적용한다.)

[표 3.2.2] **타격방향에 따른 보정치의 예**

반발경도	보정치ΔR			
	+90°	+45	−45°	−90°
10	−	−	+2.4	+3.2
20	−5.4	−3.5	+2.5	+3.4
30	−4.7	−3.1	+2.3	+3.1
40	−3.9	−26	+2.0	+2.7
50	−3.1	−2.1	+1.6	+2.2
60	−2.3	−1.6	+1.3	+1.7

주) 상향수직 : +90°, 상향경사 : +45°, 하향 수직 : −90°, 하향 경사 : −45°

⑥ **테스트 해머의 종류**: 서로 다른 종류의 테스트 해머를 이용할 경우 시험값은 ±1에서 ±3 정도의 차이를 나타내므로 동일한 테스트 해머를 사용한다.(또한, 테스트 해머는 1년에 한 번 교정 등의 점검을 실시해야 한다.)

2.8 반발경도와 압축강도와의 상관식 산정

1) 성형 표본을 이용하는 경우

콘크리트의 압축강도를 변화시키는데 이용하는 방법은 상관관계에 영향을 미치게 되므로 물/시멘트 비 변화와 같은 하나의 강도 변화 방법이 이용되어야 한다.

① 예상 강도를 중앙값으로 하는 4개 이상의 배치를 설정하고, 150×150×300mm의 콘크리트 시험체를 KS F 2403에 따라 제작한다. 시험체는 최소 3개의 표본을 개별 배치에서 채취한다.

② 모든 시험체를 동일한 방법으로 양생하고, 소정의 재령에서 매 시험체마다 20개 이상의 반발경도를 측정하여 그 평균을 구한다. 성형 표본의 반발경

도 시험은 타격 에너지가 약 2.2N·m인 경우 7~10MPa의 압력에 상당하는 하중으로 시험편을 지지하는 상태에서 행하도록 한다.

③ 성형 표본에 대한 반발경도 시험 직후 KS F 2405에 따라 그 표본의 압축강도 시험을 행한다. 동일 배치에 대한 압축강도 측정값의 변동은 3개 측정값 평균의 ±5% 이내에 들어야 한다. 그렇지 않으면 그 표본은 정상적이지 않은 것으로 취급한다.

④ 상관관계 곡선은 개별 성형 표본의 반발경도 평균값을 횡측에, 이에 대응하는 압축강도를 종측에 플로트 한다. 반발경도에 의한 강도추정식은 최소 제곱법을 통해 산출할 수 있다.

2) 코어 표본을 이용하는 경우

① 대상 구조물의 반발경도 분포그룹을 분류하여 4등급으로 분류하고 코어를 채취할 위치를 선정한다.

② 코어를 채취할 위치에서 사전에 반발경도 측정을 실시한 후 코어를 채취한다.

③ 선택된 분포그룹별 시험 영역 중 4개소 이상에서 각각 3개 이상의 코어표본을 채취하고, 채취된 코어 표본을 통해 압축강도 시험값을 KS F 2422에 따라 산출한다.

④ 횡축에 반발경도, 종축에 코어강도를 대응하게 하여 이들 값을 최소 제곱법을 통해 산출한다.

2.9 압축강도의 추정

① 반발경도와 압축강도의 상관 관계에 의해 구한 방정식에 시험 부위별 평균 반발경도를 대입하여 추정 압축강도를 계산한다.

② 재령의 증가에 따른 반발경도의 증가율은 상관 관계 방정식에 의해 구한 콘크리트 추정 압축강도에 재령 보정 계수를 곱하여 보정한다.

※ 재령 보정 계수는 재령 28일 강도를 기준으로 재령 n일의 강도를 구하기 위한 것이며, 테스트 해머 제조사가 제시하는 관계식 및 도표를 이용한다.

[표 3.2.3] **재령에 따른 보정치의 예**

재령일	**4**	**5**	**6**	**7**	**8**	**9**	**10**	**11**	**12**	**13**	**14**	**15**	**16**	**17**
보정치	1.90	1.84	1.75	1.72	1.67	1.61	1.55	1.49	1.45	1.40	1.36	1.32	1.28	1.25
재령일	**18**	**19**	**20**	**21**	**22**	**23**	**24**	**25**	**26**	**27**	**28**	**29**	**30**	**32**
보정치	1.22	1.18	1.15	1.12	1.10	1.08	1.06	1.04	1.02	1.01	1.00	0.99	0.99	0.98
재령일	**34**	**36**	**38**	**40**	**42**	**44**	**46**	**48**	**50**	**52**	**54**	**56**	**58**	**60**
보정치	0.96	0.95	0.94	0.93	0.92	0.91	0.90	0.89	0.88	0.87	0.87	0.86	0.86	0.86
재령일	**62**	**64**	**66**	**68**	**70**	**72**	**74**	**76**	**78**	**80**	**82**	**84**	**86**	**88**
보정치	0.85	0.85	0.85	0.84	0.84	0.84	0.83	0.83	0.82	0.82	0.82	0.81	0.81	0.80
재령일	**90**	**100**	**125**	**150**	**175**	**200**	**250**	**300**	**400**	**500**	**750**	**1000**	**2000**	**3000**
보정치	0.80	0.78	0.76	0.74	0.73	0.72	0.71	0.70	0.68	0.67	0.66	0.65	0.64	0.63

슈미트 햄머

슬래브 강도 조사

보 강도 조사

[사진 4.2.1] **반발경도 추정용 테스트 해머 및 조사 예**

CHAPTER

3 철골(강) 구조

1 개요

철골 구조물의 비파괴 시험은 용접부 시험, 도막 시험, 고장력 볼트 시험으로 구분되며, 일반적으로 철근콘크리트 구조물의 비파괴 시험보다 더 고도의 기술을 필요로 한다. 강재 비파괴 시험은 크게 육안조사, 방사선투과시험, 초음파탐상시험, 자분탐상시험으로 구분된다. 강재의 비파괴 시험 항목은 다음과 같다.

① 용접부 결함 및 균열조사
② 고장력 볼트 체결력 조사
③ 강재 부식두께 조사
④ 도막두께 조사

2 용접부 결함 및 균열조사

철골 구조물에서 가장 조사가 어려운 부분이 용접부이다. 용접부의 대표 손상이라고 할 수 있는 피로 균열의 경우, 용접부 내부에 및 표면에 발생하는 균열조차도 매우 미세하여 육안으로 발견하기 곤란하기 때문이다.

이러한 용접부의 미세한 피로 균열을 조사하는 방법은 전체 구조계의 거동과 피로 균열이 발생될 수 있는 용접부의 초기결함 및 최대 인장영역대에 대한 육안조사(VT)를 우선적으로 실시한다.

2.1 조사방법

피로 균열의 발생 가능성이 있는 부분에 대해서는 용접부 표면 및 표면 근접부 균열조사를 위해서는 자분탐상(MT) 혹은 약액침투검사(PT)를 이용하여, 용접부 내부의 균열조사를 위해서는 방사선투과시험(RT) 혹은 초음파시험(UT)을 이용하여 정밀 조사를 실시한다. 조사방법은 다음과 같다.

① 육안검사(VT)

② 방사성투과시험(RT)

③ 초음파탐상시험(UT)

④ 자기탐상시험(MT)

[표 3.3.1] **철골 구조의 비파괴 시험의 종류**

검사방법	대상결함
육안조사	• 표면결함 • 수치의 적부 여부
방사선투과시험	• 내부결함 • 체적결함 : Blowhole, 용입불량 등 • 면상결함 : 균열, 용입불량, 융합불량
초음파탐상시험	• 주로 내부결함 • 면상결함 : 균열, 용입불량, 슬래그 혼입 • 두께 측정 가능
자분탐상시험	• 표면결함 • 표면층 결함 • 미세한 결함

2.2 조사원리 및 조사 가능 결함

① 육안검사, 침투탐상시험: 광학, 색채학 원리를 이용한 시험방법

② 방사선투과시험, CT시험: 방사선 원리를 이용한 시험방법

③ 초음파탐상시험, 음향방출시험: 음향의 원리를 이용한 시험방법

④ 자분탐상시험, 와류탐상시험: 전자기의 원리를 이용한 시험방법

조사 가능 결함으로 표면 및 표층부의 경우 육안검사, 침투탐상시험, 자분탐상시험, 와류탐상시험 등이 사용되며, 내부 비파괴 시험의 경우 방사선 투과시험과 초음파 탐상시험이 이용된다. 제품이나 부품의 전체적인 모니터링 방법으로는 음향 방출시험과 스트레인 측정방법이 사용된다.

3 고장력 볼트 체결력 조사

철골 부재의 이음은 대부분 고장력 볼트에 의한 방법을 사용하고 있다. 고장력 볼트에 의한 이음 방법은 주로 마찰 이음에 의한 방법을 사용하고 있어 부재와 부재 사이의 마찰력을 확보해야 한다. 이러한 마찰력을 확보하기 위해서는 고장력 볼트는 소요 체결력을 확보하고 있어야 한다. 소요 체결력이 확보되지 않은 경우 고장력 볼트의 이음은 마찰 이음에서 지압 이음이 되기 때문에 모재의 단면 감소 혹은 고장력 볼트의 단면감소를 유발하게 되어 새로운 결함부를 발생시키게 된다.

4 부식조사 및 도막 두께 측정

철골 부재의 부식은 단면감소를 유발하여 구조물의 안전성에 영향을 줄 수 있다. 따라서 부식이 발생한 경우에는 잔여 단면적을 파악할 필요가 있다.

도막은 철골 부재를 부식환경으로부터 보호하는 역할을 한다. 그러나 공용기간 증가에 따라 도막 두께가 점차 얇아지면 철골 부재의 보호 기능이 저하하게 된다. 따라서 도막은 소정의 두께를 확보하고 있어야 한다. 이를 파악하기 위하여 도막 두께를 측정한다.

5 육안검사

일반적으로 현장 비파괴 검사의 경우, 육안검사가 가장 기본적으로 시행되며 추가적인 철골 구조물(강재)의 비파괴 시험방법으로 제시된 침투탐상검사(KS B 0816 침투탐상검사 방법 및 침투 지시의 분류) 및 자분탐상 검사(KS D 0213 강자성 재료의 자분탐상검사 방법 및 자분 모양의 분류)와 초음파 탐상 검사(KS B 0896 페라이트계 강 용접 이음부에 대한 초음파탐상검사)의 경우에는 전문적인 건축물의 안전진단 업체를 통해 검사가 이루어지기 때문에 본 장에서는 육안검사만을 다루었다.

5.1 적용범위

본 검사는 철골구조 건축물의 용접 이음부 및 접합부에 대한 육안검사에 적용하며, 표면결함, 용접부의 크기, 외관 형상의 검사를 적용대상으로 한다.

5.2 측정기기

표면결함은 필요시 확대경, 반사경 등을 이용하고, 용접부의 크기, 표면 모양의 측정은 용접 게이지, 한계 게이지, 언더컷 게이지, 캠브리지 게이지, 하이-로우 게이지, 마이크로미터, 금속제 직각자, 금속제 곧은자, 틈새 게이지, 줄자, 측정지그 등을 적절히 사용하여 검사한다.

5.3 검사방법

1) 표면결함

표면결함은 5.2의 측정기기를 사용하여 육안으로 검사한다.

2) 스터드 용접부의 검사

외관검사가 불합격으로 판정된 스터드는 보수 용접 후 2차 외관 검사를 실시한다. 외관검사에서 합격한 스터드는 전체수량(그룹별)의 최소 1%에 대해 발췌하여 약 15도의 각도로 KS B 0529에 따라 굽힘시험을 실시한다. 굽힘시험에서 불합격한 검사 로트는 동일 검사로트로부터 추가로 2개의 스터드를 검사하여 2개 모두 합격한 경우에는 그 검사로트를 합격으로 한다. 다만, 이들 2개의 스터드 중 1개 이상 불합격한 경우에는 추가로 4개의 스터드를 검사하여 1개라도 불합격하면 그 검사로트의 전체에 대해서 재검사한다. 이때 굽힘시험을 실시한 합격 스터드는 무리가 없는 범위 내에서 굽힘시험 전의 상태로 복원시킨다. 단 스터드 용접장치에 의하여 완전용입되는 용접방법(자동용접)에 의한 스터드 중 외관 검사에 합격한 것은 굽힘시험을 생략할 수도 있다.

5.4 검사항목

용접부위에 대한 육안검사 항목은 다음 사항을 포함한다.

① 터짐(CR)

② 언더컷(UC)

③ 오버랩(OV)

④ 피트(PT)

⑤ 크레이터(CT)

⑥ 아크 스트라이크(AS)

⑦ 스패터(SP)

⑧ 덧살높이 과대(ZF)

⑨ 비드표면 요철(ZB)

⑩ 맞대기이음의 어긋남(MA)

5.5 결함의 등급분류

육안검사 항목별 결함의 등급분류는 표 3.3.2와 같다.

[표 3.3.2] **육안검사 항목별 결함의 등급분류**

결함종류	기호	적용범주	검사단위[1]	등급		
				1급	2급	3급
터짐	CR	모든 용접부	모든 용접선	허용안됨	허용안됨	허용안됨
언더컷	UC	강재두께 25mm 미만	모든 용접선	0.5mm 이하	0.8mm 이하[2]	1.0mm 이하
		강재두께 25mm 이상	모든 용접선	0.8mm 이하	1.0mm 이하	1.6mm 이하
오버랩[3]	OV	덧살각의 구분 (인접한 모재와의 각도 θ	용접선 300mm	$\theta<90^\circ$	$\theta<70^\circ$	$\theta<50^\circ$
피트[4]	PT	맞대기 완전용입 이음부	인장응력과 수직인 이음부	허용안됨	허용안됨	허용안됨
		이밖의 모든 홈용접 및 필릿용접 이음부	용접선 100mm (최대직경 2.0mm 이하)	최대 1개	최대 2개	최대 3개
크레이터	CT	모든 용접부	모든 용접선	허용안됨	허용안됨	허용안됨
아크스트라이크	AS	모든 용접부	용접선 300mm	허용안됨	허용안됨	0.3mm 이하
스패터[5]	SP	모든 용접부	용접선 300mm	허용안됨	3개 이하	5개 이하
덧살높이 과대	ZF	필릿, 부분용입 이음부	한쪽면 용접선 300mm	1+0.10B[6] 이하	1+0.15B 이하	1+0.20B 이하
		맞대기 완전용입 이음부	한쪽면 용접선 300mm	1+0.05B 이하	1+0.10B 이하	1+0.15B 이하
비드표면 요철	ZB1	비드표면요철의 높낮이	용접선 또는 비드폭 25mm	2.0mm 이하	3.0mm 이하	4.0mm 이하
	ZB2	비드 폭의 요철	용접선 방향 150mm	4.0mm 이하	5.0mm 이하	7.0mm 이하

(표 계속)

<table>
<tr><th rowspan="2">결함종류</th><th rowspan="2">기호</th><th rowspan="2">적용범주</th><th rowspan="2">검사단위[1]</th><th colspan="3">등 급</th></tr>
<tr><th>1급</th><th>2급</th><th>3급</th></tr>
<tr><td rowspan="2">맞대기이음의 어긋남</td><td rowspan="2">MA</td><td>강재두께 15mm 이하</td><td>용접선 300mm</td><td>1.0mm 이하</td><td>1.5mm 이하</td><td>2.0mm 이하</td></tr>
<tr><td>강재두께 15mm 초과</td><td>용접선 300mm (얇은쪽 판두께 t 기준)</td><td>0.07t 이하 또한 2.0mm 이하</td><td>0.10t 이하 또한 3.0mm 이하</td><td>0.15t 이하 또한 4.0mm 이하</td></tr>
</table>

주 1) 검사단위는 응력이 전달되는 용접부로 한다.
2) 비 연속적인 언더컷은 1.6mm를 초과해서는 안 된다.
3) 인접한 모재와의 각도가 90도보다 적은 경우를 말하며, MT 및 P가 적용되는 용접부의 온 길이에 대해서는 오버랩은 허용되지 않는다.
4) KS D 0213에서 규정하는 일직선상에 존재하고, 서로의 거리가 2.0mm 이하인 연속결함은 허용하지 않는다. 여기서 피트의 크기가 2.0mm를 초과하는 것은 갯수에 관계 없이 불합격으로 처리한다.
5) 완전히 고착된 스패터에 한하여 부위에 따라 급수별 허용되는 개수만큼 허용 할 수 있다.
6) B=용접 비드폭(mm)

5.6 육안검사의 합격기준

① 육안검사에 의한 결함의 종류별 합격여부는 표 2.1 건축물의 중요도 구분에 따라 표 3.3.3과 같이 판정한다.

[표 3.3.3] 용접부의 비파괴 검사에서 건축물의 규모 및 용도별 검시구분

중요도 구분	건축물의 용도 및 규모
특	• 연면적이 1천 제곱미터 이상인 위험물 저장 및 처리시설 • 종합병원, 병원, 방송국, 전신전화국, 발전소, 소방서, 공공업무시설 및 노약자시설 • 15층 이사 아파트
1	• 연면적이 5천 제곱미터 이상인 관람집회시설 • 운동시설, 운수시설, 전시시설 및 판매시설 • 5층 이상인 숙박시설, 오피스텔, 기숙사 및 아파트
2	• 중요도 구분 (특) 및 (1)에 해당하지 않는 건축물

[표 3.3.4] 육안검사 합격기준

건축물의 중요도	육안검사 결함의 합격등급
특	1급
1	2급
2	3급

② 스터드 용접부의 합격기준

㉠ 용접덧살 형상의 불균일(ZF) : 덧살은 스터드의 반경 방향으로 균일하게 형성되어야 한다.

- 자동용접에 의한 완전용입 용접의 방법 : 덧살높이는 최소 2mm, 폭은 최소 2mm
- 수동용접에 의한 필렛용입 용접의 방법 : 덧살높이는 최소 6mm, 폭은 최소 6mm.

㉡ 터짐(CR) : 허용하지 않는다.

㉢ 언더컷(UC) : 깊이가 0.5 mm를 초과하면 불합격으로 처리한다.

㉣ 피트(PT) : 한 이음에 대해 1.0mm 미만의 크기를 가진 2개까지만 허용한다. 단, 군집피트 및 KS D 0213에서 규정하는 연속결함은 크기에 관계없이 허용하지 않는다.

부록
:시험 보고서 양식

[시험 보고서]

[제출(시험)일자 :　　년　　월　　일]

1. 시멘트의 밀도 시험(KS L 5110)

학번 / 성명 :	학번 / 성명 :
학번 / 성명 :	학번 / 성명 :
학번 / 성명 :	학번 / 성명 :

■ 시험일의 상태

시험일의 상태	실내온도(℃)	실내습도(%)	외부온도(℃)
	/	/	

■ 시험결과

	1	2	3	평 균
사용한 시멘트의 질량(g)				
수조의 온도(℃)				
광유표면의 눈금 읽기(㎖)				
시멘트와 광유를 포함한 표면의 눈금 읽기(㎖)				
시멘트의 밀도 계산 $\text{시멘트의 밀도} = \dfrac{\text{시멘트의 무게(g)}}{\text{시멘트의 눈금 차(㎖)}}$				
밀도(mg/m^3)				

■ 분석 및 고찰

[시험 보고서]

[제출(시험)일자 : 년 월 일]

2. 공기투과 장치에 의한 포틀랜드시멘트의 분말도 시험방법(KS L 5106)

학번 / 성명 :	학번 / 성명 :
학번 / 성명 :	학번 / 성명 :
학번 / 성명 :	학번 / 성명 :

■ 시험일의 상태

시험일의 상태	실내온도(℃)	실내습도(%)	외부온도(℃)
	/	/	

■ 시험결과 KS 평균

① 셀과 수은과의 질량(g)			
② 셀의 질량(g)			
③ 수은의 질량(① - ②)(g)			
④ (셀)+(수은)의 질량(g)			
⑤ (셀)+(시멘트)의 질량(g)			
⑥ 수은의 질량(④ - ⑤)(g)			
⑦ 수은의 밀도(g/cm^3)			
⑧ 배치의 체적 $C = \frac{③-⑥}{⑦}$ (cm^3)			
⑨ 평균치			
측정번호	1	2	3
시료의 질량(g)			
표준시료 강하시간 T_S(Sec)			
표준시료 비표면적 S_S(cm^2/g)			
시멘트 강하시간 T(Sec)			
시멘트 비표면적 S(cm^2/g)			
허용차			
평균치			

■ 분석 및 고찰

[시험 보고서]

[제출(시험)일자 :　　년　　월　　일]

3. 시멘트 분말도 시험(표준체 90㎛ KS L 5117)

학번 / 성명 :	학번 / 성명 :
학번 / 성명 :	학번 / 성명 :
학번 / 성명 :	학번 / 성명 :

■ 시험일의 상태

시험일의 상태	실내온도(℃)	실내습도(%)	외부온도(℃)
	/	/	

■ 시험결과 KS 평균

측정번호	1	2	3
① 표준시료의 질량(g)			
② 표준시료 ig에 대한 잔사(g)			
③ 보정시험에서의 실측 잔사(g)			
④ 보정계수 $C = \frac{②-③}{③} \times 100(\%)$			
⑤ 시험한 시료의 잔사 R_S(g)			
⑥ 보정된 잔사 R_C = ⑤×(100 + ④)(%)			
분말도의 계산식 $f = \frac{W_2}{W_2} \times 100(\%)$			
⑦ 분말도의 평균치(%)			

■ 분석 및 고찰

[시험 보고서]

[제출(시험)일자 :　　년　　월　　일]

4. 시멘트의 응결 및 안정성 시험방법(KS L ISO 9597)

학번 / 성명 :	학번 / 성명 :
학번 / 성명 :	학번 / 성명 :
학번 / 성명 :	학번 / 성명 :

■ 시험일의 상태

시험일의 상태	실내온도(℃)	실내습도(%)	외부온도(℃)
	/	/	

■ 시험결과

		1	2	3
시료의 질량(g)				
물의 양(㎖)				
초결	측정시작시간(h)			
	밑판과 침의 거리(mm)			
	초결시간(h)			
종결	측정시작시간(h)			
	종결침의 관찰			
	종결시간(h)			

■ 분석 및 고찰

[시험 보고서]

[제출(시험)일자 : 년 월 일]

5. 수경성 시멘트 모르타르의 압축강도 시험방법(KS L 5105)

학번 / 성명 :	학번 / 성명 :
학번 / 성명 :	학번 / 성명 :
학번 / 성명 :	학번 / 성명 :

■ 시험일의 상태

시험일의 상태	실내온도(℃)	실내습도(%)	외부온도(℃)
	/	/	

■ 시험결과 「(1kgf = 9.8N, 1kgf/cm^2 = 0.098 N/mm^2, 1MPa(1N/mm^2) = 10.1(kgf/cm^2)」

	재령	1일			3일			7일			28일		
	공시체 NO.	하중 (N)	면적 (mm^2)	강도 (N/mm^2)	하중 (N)	면적 (mm^2)	강도 (N/mm^2)	하중 (N)	면적 (mm^2)	강도 (N/mm^2)	하중 (N)	면적 (mm^2)	강도 (N/mm^2)
압축강도													
	평균치	———			———			———			———		

■ 분석 및 고찰

[시험 보고서]

[제출(시험)일자 : 년 월 일]

6. 골재의 체가름시험(KS F 2502) / 잔골재

학번 / 성명 :	학번 / 성명 :
학번 / 성명 :	학번 / 성명 :
학번 / 성명 :	학번 / 성명 :

■ 시험일의 상태

시험일의 상태	실내온도(℃)	실내습도(%)	외부온도(℃)
	/	/	

■ 시험결과

체 크기(mm) (No. 체 번호)	통과량	각 체에 남는 양		각 체에 남는 양의 누계	
	(%)	(g)	(%)	(g)	(%)
10					
5 (No.4)					
2.5 (No.8)					
1.2 (No.16)					
0.6 (No.30)					
0.3 (No.50)					
0.15 (No. 100)					
팬 (pan)					
계					
조립률					

■ 분석 및 고찰

[시험 보고서]

[제출(시험)일자 : 년 월 일]

7. 골재의 체가름시험(KS F 2502) / 굵은 골재

학번 / 성명 :	학번 / 성명 :
학번 / 성명 :	학번 / 성명 :
학번 / 성명 :	학번 / 성명 :

■ 시험일의 상태

시험일의 상태	실내온도(℃)	실내습도(%)	외부온도(℃)
	/	/	

■ 시험결과

체 크기(mm)	통과량	각 체에 남는 양		각 체에 남는 양의 누계	
	(%)	(g)	(%)	(g)	(%)
100					
80					
60					
50					
40					
30					
25					
20					
15					
10					
5					
2.5					
팬(Pan)					
계					
최대치수(mm)		조립률			

■ 분석 및 고찰

[시험 보고서]

[제출(시험)일자 :　　년　　월　　일]

8. 골재의 단위용적질량 및 실적률 시험(KS F 2505)

학번 / 성명 :	학번 / 성명 :
학번 / 성명 :	학번 / 성명 :
학번 / 성명 :	학번 / 성명 :

■ 시험일의 상태

시험일의 상태	실내온도(℃)	실내습도(%)	외부온도(℃)
	/	/	

■ 시험결과

측정번호	잔골재		굵은 골재	
	1	2	1	2
① 용기 용량(m^3)				
② (시료＋용기)의 질량(kg)				
③ 용기 질량(kg)				
④ 시료 질량(kg) ② − ③				
⑤ 함수량 측정하지 않은 경우 단위용적 질량 $\frac{④}{①}$ (kgm^3)				
⑥ 허용차				
⑦ 평균치				
⑧ 함수량 측정하는 경우 건조 전의 시료질량(g)				
⑨ ⑧의 건조 후 질량(g)				
⑩ 단위용적질량 ⑤ × $\frac{⑨}{⑧}$ (kg/lm^3)				

■ 분석 및 고찰

[시험 보고서]

[제출(시험)일자 :　　년　　월　　일]

9. 굵은 골재의 밀도 및 흡수율 시험(KS F 2503)

학번 / 성명 :	학번 / 성명 :
학번 / 성명 :	학번 / 성명 :
학번 / 성명 :	학번 / 성명 :

■ 시험일의 상태

시험일의 상태	실내온도(℃)	실내습도(%)	외부온도(℃)
	/	/	

■ 시험결과

측정번호	굵은 골재	
	1	2
① 공기중의 시료의 질량(g)		
② 물속의 철망태와 시료의 질량(g)		
③ 물속의 철망태의 질량(g)		
④ 물속의 시료의 질량 [②-③](g)		
⑤ 표면 건조포화 상태의 밀도		
⑥ 허용차		
⑦ 평균치		
⑧ 건조 후의 시료의 질량(g)		
⑨ 흡수율 $\frac{①-⑧}{⑧}\times 100(\%)$		

■ 분석 및 고찰

[시험 보고서]

[제출(시험)일자 :　　　년　　월　　일]

10. 잔골재의 밀도 및 흡수율 시험(KS F 2504)

학번 / 성명 :	학번 / 성명 :
학번 / 성명 :	학번 / 성명 :
학번 / 성명 :	학번 / 성명 :

■ 시험일의 상태

시험일의 상태	실내온도(℃)	실내습도(%)	외부온도(℃)
	/	/	

■ 시험결과

측정번호	잔골재	
	1	2
① 플라스크의 용량(㎖)		
② 시료의 질량(g)		
③ 플라스크 + 물 + 시료의 질량(g)		
④ 물의 질량(g)		
⑤ 표면건조 포화상태의 밀도 $\frac{③}{②-⑤}$		
⑥ 시료의 건조질량(g)		
⑦ 흡수율(%) $\frac{③-⑨}{⑨}\times100$		

■ 분석 및 고찰

[시험 보고서]

[제출(시험)일자 :　　년　　월　　일]

11. 콘크리트의 배합설계

학번 / 성명 :	학번 / 성명 :
학번 / 성명 :	학번 / 성명 :
학번 / 성명 :	학번 / 성명 :

■ 시험일의 상태

시험일의 상태	실내온도(℃)	실내습도(%)	외부온도(℃)
	/	/	

■ 시험결과

설계조건	
① 물시멘트비 W/C(%)의 결정	
② 굵은골재의 최대치수(cm) 결정	
③ 슬럼프(cm)의 결정	
④ 잔골재율 S/a(%)의 결정	
⑤ 단위수량 W(kg)의 계산	
⑥ 단위시멘트량 C(kg)의 계산	
⑦ 단위잔골재량 S(kg)의 계산	
⑧ 단위굵은골재량 G(kg)의 계산	

■ 분석 및 고찰

[시험 보고서]

[제출(시험)일자 :　　년　월　일]

12. 콘크리트의 슬럼프(KS F 2402) 및 공기량 시험(KS F 2421)

학번 / 성명 :	학번 / 성명 :
학번 / 성명 :	학번 / 성명 :
학번 / 성명 :	학번 / 성명 :

■ 시험일의 상태

시험일의 상태	실내온도(℃)	실내습도(%)	외부온도(℃)
	/	/	

■ 배합의 적용

굵은골재의 최대치수(mm)	슬럼프의 범위(cm)	공기량의 범위 (%)	물시멘트비 W/C (%)		잔골재율 S/a (%)	
물 W	시멘트 C	잔골재 S	굵은골재		혼화재료	
			mm~mm	mm~mm	혼화재	혼화제(g)

■ 시험결과

측정번호(배치)	1	2
슬럼프(mm)		
콘크리트의 온도(℃)		
① 겉보기 공기량(%)		
② 골재수정계수		
③ 공기량 ①×②(%)		

■ 분석 및 고찰

[시험 보고서]

[제출(시험)일자 :　　년　월　일]

13. 콘크리트의 압축강도 시험-1

학번 / 성명 :	학번 / 성명 :
학번 / 성명 :	학번 / 성명 :
학번 / 성명 :	학번 / 성명 :

■ 시험일의 상태

시험일의 상태	실내온도(℃)	실내습도(%)	외부온도(℃)
	/	/	

■ 시험결과 「(1kgf = 9.8N, 1kgf/cm^2 = 0.098 N/mm^2, 1MPa(1N/mm^2) = 10.1(kgf/cm^2)」

	공시체 NO.					
압축강도	재령	일				
	평균지름(mm)					
	면적(mm^2)					
	평균높이(mm)					
	보정계수(h/d)					
	파괴하중(N)					
	압축강도(MPa)					
	평균압축강도(MPa)					
	양생방법 / 온도					
	공시체의 파괴형상					

※보정계수

높이와 지름의 비 $\frac{h}{d}$	보정계수	비고
2.00	1.00	$\frac{h}{d}$가 이 표에 나타내는 값의 중간에 있을 경우, 보정계수는 보간법으로 구한다.
1.75	0.98	
1.50	0.96	
1.25	0.93	
1.00	0.89	

■ 분석 및 고찰

[시험 보고서]

[제출(시험)일자 : 년 월 일]

13. 콘크리트의 압축강도 시험-2

학번 / 성명 :	학번 / 성명 :
학번 / 성명 :	학번 / 성명 :
학번 / 성명 :	학번 / 성명 :

■ 시험일의 상태

시험일의 상태	실내온도(℃)	실내습도(%)	외부온도(℃)
	/	/	

■ 시험결과 「(1kgf = 9.8N, 1kgf/cm^2 = 0.098 N/mm^2, 1MPa(1N/mm^2) = 10.1(kgf/cm^2)」

압축강도	공시체 NO.					
	재령	일				
	평균지름(mm)					
	면적(mm^2)					
	평균높이(mm)					
	보정계수(h/d)					
	파괴하중(N)					
	압축강도(MPa)					
	평균압축강도(MPa)					
	양생방법 / 온도					
	공시체의 파괴형상					

※보정계수

높이와 지름의 비 $\frac{h}{d}$	보정계수	비고
2.00	1.00	$\frac{h}{d}$가 이 표에 나타내는 값의 중간에 있을 경우, 보정계수는 보간법으로 구한다.
1.75	0.98	
1.50	0.96	
1.25	0.93	
1.00	0.89	

■ 분석 및 고찰

[시험 보고서]

[제출(시험)일자 :　　년　　월　　일]

13. 콘크리트의 압축강도 시험-3

학번 / 성명 :	학번 / 성명 :
학번 / 성명 :	학번 / 성명 :
학번 / 성명 :	학번 / 성명 :

■ 시험일의 상태

시험일의 상태	실내온도(℃)	실내습도(%)	외부온도(℃)
	/	/	

■ 시험결과 「(1kgf = 9.8N, 1kgf/cm^2 = 0.098 N/mm^2, 1MPa(1N/mm^2) = 10.1(kgf/cm^2)」

압축강도	공시체 NO.					
	재령	일				
	평균지름(mm)					
	면적(mm^2)					
	평균높이(mm)					
	보정계수(h/d)					
	파괴하중(N)					
	압축강도(MPa)					
	평균압축강도(MPa)					
	양생방법 / 온도					
	공시체의 파괴형상					

※보정계수

높이와 지름의 비 $\frac{h}{d}$	보정계수	비고
2.00	1.00	$\frac{h}{d}$가 이 표에 나타내는 값의 중간에 있을 경우, 보정계수는 보간법으로 구한다.
1.75	0.98	
1.50	0.96	
1.25	0.93	
1.00	0.89	

■ 분석 및 고찰

[시험 보고서]

[제출(시험)일자 : 　　년　　월　　일]

13. 콘크리트의 압축강도 시험-4

학번 / 성명 :	학번 / 성명 :
학번 / 성명 :	학번 / 성명 :
학번 / 성명 :	학번 / 성명 :

■ 시험일의 상태

시험일의 상태	실내온도(℃)	실내습도(%)	외부온도(℃)
	/	/	

■ 시험결과 「(1kgf = 9.8N, 1kgf/cm^2 = 0.098 N/mm^2, 1MPa(1N/mm^2) = 10.1(kgf/cm^2)」

	공시체 NO.					
압축강도	재령	일				
	평균지름(mm)					
	면적(mm^2)					
	평균높이(mm)					
	보정계수(h/d)					
	파괴하중(N)					
	압축강도(MPa)					
	평균압축강도(MPa)					
	양생방법 / 온도					
	공시체의 파괴형상					

※보정계수

높이와 지름의 비 $\frac{h}{d}$	보정계수	비고
2.00	1.00	$\frac{h}{d}$가 이 표에 나타내는 값의 중간에 있을 경우, 보정계수는 보간법으로 구한다.
1.75	0.98	
1.50	0.96	
1.25	0.93	
1.00	0.89	

■ 분석 및 고찰

참고문헌

1. 우종태 외 3인, "제2판 건설재료 및 품질 시험", 구미서관, 2010.
2. 염환석 외 3인, "건축구조재료실험", 기문당, 2002.
3. 임재형 외 3인, "건축재료실험 및 실습", 문운당, 2002.
4. 전용배 외 5인, "건설재료 및 실험", 동화기술, 2010.
5. 김완기 외 4인, "건축재료실험", 기문당, 2007.
6. 조준현 외 7인, "최신 건축재료학", 기문당, 2011.
7. 오 주, "건축·토목 건설비파괴시험 입문", 기문당, 2013.
8. 박정민, "건축안전진단론", 도서출판 서우, 2021.
9. 주식회사 대우건설, "건축기술지침/건축", 공간예술사, 2019.
10. 대한건축학회, "강구조 건축물 용접부의 비파괴 검사 기준(안)", 건설교통부, 2001.

- KS L 5201 : 2021
- KS L 5110 : 2021
- KS L 5106 : 2019
- KS L 5117 : 2021
- KS L 5105 : 2017
- KS L ISO 679 : 2021
- KS L 5102 : 2021
- KS L ISO 9597 : 2019
- KS L 5103 : 2021
- KS F 2526 (폐지)
- KS F 2527 : 2020
- KS F 2502 : 2019
- KS F 2505 : 2017
- KS F 2503 : 2019
- KS F 2504 : 2020
- KS F 2425 : 2017

- KS F 2401 : 2017
- KS F 2402 : 2017
- KS F 2403 : 2019
- KS F 2421 : 2021
- KS F 2405 : 2017
- KS F 2408 : 2021
- KS F 2423 : 2021
- KS F 2418 : 2017
- KS F 2422 : 2017
- KS F 2585 : 2020
- KS F 2590 : 2017
- KS F 2596 : 2019
- KS F 2712 : 2018
- KS F 2730 : 2018
- KS F 2731 : 2018
- KS F 2732 : 2018
- KS F 2733 : 2018
- KS F 2734 : 2019
- KS F 2735 : 2019
- KS F 2736 : 2021
- KS F 2737 : 2021
- KS F 2599-1 : 2018
- KS F 2599-2 : 2018
- KS F 2600 : 2018

건설 현장에서 수행되는 **건축재료시험**

2015년 3월 10일 1판 1쇄 발행
2022년 8월 25일 3판 1쇄 발행

저자 김봉주 · 정의인
발행인 강해작
발행처 기문당
주소 서울시 성동구 무학봉28길 4-1
전화 02)2295-6171(代)~5
팩스 02)2296-8188
출판등록 1976. 10. 7(1976-2)
홈페이지 http://www.kimoondang.com
ISBN 978-89-6225-873-8 93540

※ 이 책의 무단복제를 금합니다.
※ 잘못 만들어진 책은 구입처에서 교환해 드립니다.